油气井水合物地层

钻井与固井

郑明明　刘天乐　胡云鹏　郑少军　著

四川大学出版社
SICHUAN UNIVERSITY PRESS

图书在版编目（CIP）数据

油气井水合物地层钻井与固井 / 郑明明等著． — 成都：四川大学出版社，2023.8

ISBN 978-7-5690-6310-3

Ⅰ．①油… Ⅱ．①郑… Ⅲ．①油气钻井－固井 Ⅳ．① TE256

中国国家版本馆 CIP 数据核字（2023）第 155506 号

书　　名：油气井水合物地层钻井与固井
　　　　　Youqijing Shuihewu Diceng Zuanjing yu Gujing
著　　者：郑明明　刘天乐　胡云鹏　郑少军

选题策划：王　锋　许　奕
责任编辑：王　锋
责任校对：刘柳序
装帧设计：胜翔设计
责任印制：王　炜

出版发行：四川大学出版社有限责任公司
　　　　　地址：成都市一环路南一段 24 号（610065）
　　　　　电话：（028）85408311（发行部）、85400276（总编室）
　　　　　电子邮箱：scupress@vip.163.com
　　　　　网址：https://press.scu.edu.cn
印前制作：四川胜翔数码印务设计有限公司
印刷装订：成都市新都华兴印务有限公司

成品尺寸：170mm×240mm
印　　张：10.25
字　　数：214 千字

版　　次：2023 年 9 月 第 1 版
印　　次：2023 年 9 月 第 1 次印刷
定　　价：50.00 元

扫码获取数字资源

四川大学出版社
微信公众号

前　言

　　近年来，我国在经济稳步发展的同时能源安全形势却日趋严峻。随着国内陆上油气资源开发程度的不断提高，向深水和非常规等领域进军已成为油气增储上产、能源安全稳定的必然选择。我国广阔的海域面积蕴藏丰富的油气资源，其中资源储量和开发潜力巨大的南海是海上油气的主要产区之一，有望建成大型油气生产基地。与此同时，天然气水合物也广泛分布于海洋沉积环境中，储量极其丰富，其成功开采将对能源形势影响巨大。南海石油和天然气赋存环境与天然气水合物密不可分，地址位置重合度极高，深水钻遇水合物地层现象越发常见，对油气固井产生重大挑战。然而，仅在低温和高压环境下稳定存在的水合物对热极为敏感，在钻采过程中极易受到扰动而发生分解，继而引发一系列工程事故和地质灾害。

　　水合物地层安全钻井往往采用高矿化度的水基钻井液和过压钻井方式，从而易导致压差下钻井液侵入和温差下水合物分解，改变原位水合物地层物理力学性质，影响测井识别和水合物地层评价的准确性以及后续工艺流程的开展，甚至会导致水合物分解失控进而产生甲烷泄露、孔壁垮塌、井涌井喷等。与此同时，当固井遇上水合物地层时，水泥浆水化放热易造成近井壁地层中水合物分解，形成的高压游离气、水在高压驱替下反向运移，从而影响水泥浆凝结过程，对水泥环质量产生不利影响，往往导致二界面缩胀开裂、水泥环裂隙贯穿、井壁垮塌、水气窜流甚至固井报废等严重事故。水合物地层钻井与固井过程中水合物的分解对现场安全钻井和周围生态环境产生极大影响，严重威胁钻井工程、海洋地质与生态安全。

　　针对以上问题，本书通过多种手段综合研究，旨在掌握不同地质条件下钻固井工艺和水合物地层物性间的相互作用与影响规律，确定水合物地层安全的主要影响因素，从而建立定量关系和数学预测模型，并对有效的控热方法进行应用和效果验证，为水合物地层钻固井工艺设计与优化提供指导借鉴，解决深水油气面临的水合物地层问题，保障国家能源安全和助力"双碳"战略目标达成。

　　本书首先从油气井水合物地层钻井与固井现状出发，明确了现阶段存在的主要技术问题，通过对含水合物沉积物物性特征的分析，厘清了含水合物沉积物孔隙结构与主要物性特征，以及从宏−微观角度揭示了水合物分解过程中含水合物沉积物主要物性与孔隙结构变化规律。针对实验研究普遍存在的人造岩心物性与原位地层差异大且尺寸不足的问题，开展了水合物地层大尺寸人造岩心模拟制备研究，建立了人造岩心制备工艺、宏观物理力学性质与微观孔隙特征等方面参数间的定量关系与计算方法，基于此研发的制备工艺可制备物性参数贴近实际地层的大尺寸人造岩心。在此基础上开展了现场原位地质与钻井工艺条件下钻井液侵入水合物地层过程研究，掌握了钻井液对水合物分解范围、饱和度、储层温度、压力和电阻率的影响机理，得出了水合物分解范围和饱和度与时间的函数关系，给出了不同条件下准确测井方法的选取建议与减小水合物扰动的钻井工艺建议。水合物地层固井中，准确还原了水泥浆侵入这一动态热源问题，掌握了不同地质与固井工艺条件下近井壁地层物性的响应规律以及高压游离气、水的发育过程与强度，探索出了水合物分解产物反侵环空的临界条件和判别准则，明确了水泥浆水化控热是减少水合物分解的关键。针对现有的主要控热手段，分析选取了三种适用于水合物地层固井的控热方法，归纳总结了相变微胶囊、液体减轻剂与固井减轻剂控热水泥浆的制备、性能表征与评价方法以及在水合物地层的热效应，分析了其对水泥浆热释放峰值温度的影响情况。

全书共六章。第一章由郑明明、刘天乐、周珂锐撰写，第二章由郑明明、郑少军撰写，第三章和第四章由郑明明、胡云鹏撰写，第五章由郑明明、王晓宇撰写，第六章由刘天乐、郑明明、郑少军撰写，全书由郑明明统编和定稿。本书综合了作者在国家自然科学基金（编号：42272363、41702389）、四川省自然科学基金（编号：2023NSFSC0432）等支持下所取得的理论和应用方面的研究成果，过程中受到中国地质大学（武汉）蒋国盛教授、宁伏龙教授、张凌副教授、刘力博士、王韧博士、孙嘉鑫博士、刘志超博士、彭力博士，中南大学隆威教授、张绍和教授、孙平贺教授、曹函副教授、吴晶晶博士，成都理工大学陈礼仪教授、韦猛教授、王胜教授、李谦副教授、李之军副教授、谭慧静副教授、李可赛副教授、霍宇翔博士、谢兰兰博士，以及熊亮、王凯、吴祖锐、朱俊林等研究生的帮助和支持，特此表示诚挚的感谢。

限于作者水平与研究深度，书中难免存在不足之处，敬请读者批评指正。

著　者
2023 年 4 月

目　录

第一章　油气井水合物地层钻井与固井现状

第一节　南海油气和水合物资源分布

一、南海油气资源分布

充足的能源供应和环境保护对人类的可持续发展至关重要，早已成为世界各国面临的关键问题。我国石油和天然气对外依存度逐年攀升，2021 年分别达到 73.5% 和 42.0%，能源安全形势日趋严峻[1,2]。而国内近海油气资源极为丰富，主要集中于珠江口、北部湾、渤海湾、东海、琼东南和莺歌海等几大盆地，约占近海石油和天然气地质资源量的 86% 和 96%[3]。国内深水油气勘探虽然起步较晚，但进展迅速。自 2005 年至今，南海北部先后发现了 14 个大中型深水油气田，极具战略意义[3]。

我国南海海域广阔、油气资源丰富，呈"外油内气"环带状分布特征。近岸陆架区烃源岩主要为中深湖相或海相泥岩烃源岩，以生油为主；远岸陆坡区或陆架区烃源岩主要为海陆过渡相烃源岩及陆源海相沉积，局部深层下伏中深湖相烃源岩，以生气为主[4]。多数沉积盆地部分或全部位于深水区，储量丰富，其中约 50% 蕴藏量位于深水区，主要分布于中建南、珠江口和文莱－沙巴三大盆地。相关盆地内天然气约 60% 蕴藏于深水区，主要分布于中建南、琼东南、曾母和珠江口四大盆地。上述南海沉积盆地内，石油待探明地质资源量超过 2.00×10^{10} t，天然气待探明地质资源量超过 3.0×10^{13} m³，其中约一半资源位于 $200 \sim 500$ m 的深水、超深水海域，未来勘探开发潜力大，是我国油气资源勘探开发的重要战略接续区[5]。

（一）中建南盆地

中建南盆地是位于我国南海西部的较大型新生代沉积盆地，面积约为

10000 km², 约 2/3 的面积位于我国传统海域内。盆地内水深 50～400m, 主体水深超过 10m。盆地总体呈北北东走向, 北面是琼东南盆地和莺歌海盆地, 南邻万安盆地和南薇西盆地, 西接南海西部陆架, 东连西南海盆, 构造位置较特殊[6]。中建南盆地为新生代走滑－拉张叠合盆地, 生、储、盖、圈、保等石油地质条件良好, 古新统－中始新统含油气系统具有良好的油气远景; 上始新统－渐新统含油气系统中部具良好的油气远景, 南、北两侧含油气远景较差; 下中新统－中中新统含油气系统, 其中部含油气远景较好, 其他部较差[7]。盆地以生油为主, 总资源量约为 36 亿吨, 为一良好的油气远景沉积盆地。

（二）琼东南盆地

琼东南盆地是典型的大陆边缘型断陷裂谷盆地, 位于海南岛南部海域, 面积约 3.4×10^4 km², 呈北东走向, 新生代油气地质条件较复杂, 具有发育多套烃源岩的复合含油气系统, 富含以天然气为主的多种油气资源, 常规油气资源量分别约为 3.05×10^8 t 和 2.7×10^8 m³[8,9]。琼东南盆地早期油气勘探活动主要集中于盆地西部水深<300m 的浅水区, 而盆地 70% 油气资源主要集中于目前油气勘探程度尚低、水深≥300m 的深水区域。盆地中央坳陷带的渐新统烃源岩为最有利发育区且生烃潜力大, 其次为北部坳陷带和中部隆起区。目前勘探发现的中央坳陷带深水气田群气源供给主要来自渐新统崖城组煤系烃源岩及半封闭浅海相陆源烃源岩, 而北部坳陷带广大区域油气来源则主要为始新统湖相烃源岩。

（三）曾母盆地

曾母盆地面积约 1.69×10^4 km², 其中位于我国南海九段线内的面积占 12.7×10^4 km², 其东部约有 1.7×10^4 km² 的区域位于婆罗洲岛上, 整个盆地形状近似于一个三角形。盆地多处发育规模较大的滩礁和暗沙, 自南而北, 水深由 40m 变化至 1800m, 盆地大部分区域位于 200m 水深线之下, 总体地势平坦, 通过海底等深线可在海底局部观察到较为明显的海底峡谷。油气分布具有南油北气的特征。石油主要分布于曾母盆地东南侧的东巴林坚凹陷和南康台地, 石油可采储量分别为 1.18×10^8 t 和 0.43×10^8 t, 分别占盆地石油可采储量的 71.52% 和 26.06%。天然气主要分布于南康台地、西部斜坡和西巴林坚凸起, 其天然气可采储量分别为 1.60、1.32 和 0.23 万亿立方米, 分别占盆地天然气可采储量的 48.96%、40.33% 和 6.99%[12]。

（四）珠江口盆地

珠江口盆地是南海北部最大的被动大陆边缘盆地, 呈北东－南西走向, 具有三隆三坳的地质构造特征, 其长约 800km, 宽约 300km, 面积约 17.5×10^4 km², 与华南大陆岸线大致平行, 地理上处于广东大陆以南、南海北部海域的广阔大陆架和陆坡区上, 而构造上则处于太平洋板块、欧亚板块及印度－澳大利亚板块 3

个板块交汇处[13]。我国自 20 世纪 80 年代开始对珠江口盆地进行勘探，在浅水区，如珠一、珠三坳陷和中央隆起带发现大小近 50 个油气田，产量巨大[14]。目前的勘探活动主要集中在浅水区，对于深水区，如珠二坳陷，近几年在区块研究中也取得重大进展。盆地内油气田围绕富生竖凹陷分布，且呈现北油南气的分带性，石油主要分布在盆地北部的珠一坳陷和东沙隆起，而天然气主要分布在白云凹陷及其北坡的番禺低隆起[15]。截至 2019 年底，珠江口盆地内共有探井 600 多口，钻探各类型圈闭 400 多个，发现油气田 77 个，累计探明石油储量超 $1.0 \times 10^9\,t$，探明天然气储量达 $1.8 \times 10^{11}\,m^3$。盆地现已建成南海北部第一大油气生产基地，累计生产石油 $3 \times 10^8\,t$，自 1996 年至今已连续 24 年稳产超过 $1.0 \times 10^6\,t$，累计生产天然气 $3.5 \times 10^{10}\,m^{3\,[16]}$。

（五）文莱－沙巴盆地

文莱－沙巴盆地位于南海南部婆罗洲陆架之上，是一个发育于持续隆升的增生楔之上的新生代沉积盆地。盆地西南侧以北西走向的廷贾断裂与曾母盆地相隔，西北部与南沙海槽盆地相接，东南缘位于婆罗洲的增生楔之上，盆地面积约 $9.4 \times 10^4\,km^2$，在我国九段线内的面积约 $2.5 \times 10^4\,km^2$，盆地主体水深小于 300m，水深小于 300m 的面积为 $6.7 \times 10^4\,km^2$，深水区水深介于 $300 \sim 2200m$ 之间。文莱－沙巴盆地油气资源丰富，是南海油气战略区最重要的盆地之一，自 1910 年发现首个油气田以来，主要经历了 4 个大规模勘探及增储上产阶段。截至 2013 年，国外石油公司在文莱－沙巴盆地累积钻井 2704 口。盆地已发现油气田 141 个，在全盆地均有分布，石油地质储量 $3.65 \times 10^9\,t$，天然气地质储量 $2.2 \times 10^{12}\,m^3$，凝析油地质储量 $2.4 \times 10^8\,m^3$，折合油气当量 $5.67 \times 10^9\,t$，其中位于中国传统疆域内的约有 45 个[19]。

二、南海水合物资源分布

我国海域面积辽阔，海洋资源极为丰富。历经几十载的海域天然气水合物调查发现，从地球物理、化学、生物方面均显示我国的南海海域与东海海域拥有天然气水合物存在。尤其是南海北坡、南沙海槽等区域的地质环境非常适宜天然气水合物的形成且具备充足的原料来源，潜力不可估量。南海四个重点勘探区块分别位于东沙海域、神狐海域、西沙海槽和琼东南盆地，根据多年的调查研究，我国南海的水合物藏的岩性主要为低渗黏土质粉砂，且水合物品质高，类别多，这与他国海域的水合物藏有很大差别。此外，我国海域水合物通常为复合成藏，各区域水合物藏也存在差异。

（一）东沙海域

东沙海域由呈北东－南西方向延伸的构造隆升带和坳陷带组成，东北面与我国台湾西南盆地等构造单元相邻，面积约 1500km^2[20]。东沙海域水深 200～2400m，发育峡谷、水道、斜坡、陡崖等地貌单元，海底地形复杂。南海第三次扩张期间发生大规模构造沉降，大量有机质随沉积物被埋藏，在浅部经过微生物降解形成甲烷或者到达深部受热裂解形成天然气，为水合物生成提供了充足气源[21]。构造运动形成良好的气体运移通道以及欠压实、高孔隙的水合物储集空间[22]。东沙海域深部气体在地层压力作用下，可沿断层、裂缝、不整合面、砂岩疏导层和气烟囱等通道向上运移，在满足水合物生成的通量条件下，形成多类型特征的天然气水合物。2013 年广州海洋局在东沙探区钻探了 13 个井位，钻孔所在区域海水深度在 724～1419m 之间，水合物层厚度为 7～46m，产状多样[23]。

（二）神狐海域

神狐海域水合物富集区位于南海北部陆坡中段，构造上位于珠江口盆地深水区珠二坳陷白云凹陷。该区域海底地貌起伏显著，主要发育海丘、海谷、冲蚀槽、冲蚀沟等地貌，水深介于 1000～1700m，具有优越的水合物成藏条件，是我国水合物勘探程度最高的区域。目前，中国地质调查局广州海洋地质调查局已在该海域实施了 GMG1、GMGS3、GMGS4、GMGS5 等多个航次的水合物科学钻探，钻井 50 余口，获取了大量的水合物实物样品，证实存在千亿立方米级天然气储量的水合物藏[24,25]。神狐地区水合物主要存在厚层状、分散状、斑块状、断层附近和薄层状水合物，厚层状和分散状水合物相对饱和度最高，斑块状次之，断层附近和薄层状水合物相对饱和度最低，厚层状和分散状水合物构成了研究区的主力水合物层，且厚层状水合物位于顶部，分散状水合物位于底部[26]。2017 年，我国在神狐海域成功实施了水合物试开采，平均日产气量为 5.2×10^{5}m^3，最大日产气量为 3.50×10^{4}m^3。2020 年，我国在神狐海域实施第二轮水合物试开采，平均日产气量为 2.87×10^{4}m^3，充分证实了神狐海域具有巨大的水合物资源潜力，拥有广阔的水合物勘探开发前景[27]。

（三）西沙海槽

西沙海槽位于琼东南盆地东部，呈近东西向展布。海水深度为 1500～3500m，其北部与珠江口盆地相邻，南部为西沙隆起。东南部则与西北次海盆相通，具有西浅东深，且自西向东槽底坡度变缓、宽度变窄的地形特征[28]。

西沙海槽满足水合物生成与富集两大基本条件。古近纪以来沉积物中含有丰富的有机质，经过多期快速沉降，且区域地温梯度高，有利于有机质的成熟，保证了水合物形成气源的供给。在储集方面，除了有较好的浊积砂岩，在凹陷部位边缘还发育有三角洲、冲积扇等多种类型的岩性圈闭。西沙海槽甲烷气具备浅层微生物成因来源，也有深部热解成因烃气和幔源成因 CO$_2$ 气的物质来源条件。同时，该区发育众多张性断层，给该区浅部地层的甲烷气和地层水等物质提供通道和动力条件。西沙海槽形成水合物的甲烷为断层渗逸-自由扩散作用双重运移的结果，水合物形成断层-渗滤主导的综合地质模式，具有典型的"他源渗漏型"特征。

（四）琼东南盆地

琼东南盆地是我国南海深水盆地重要的油气富集区，也是我国水合物勘探的重要靶区，位于南海北部大陆边缘，其西北部为海南岛，东南部为西沙隆起，西部毗邻莺歌海盆地，东北部为神狐隆起，面积约为 $6 \times 10^4 \, km^2$。琼东南盆地主要发育孔隙型水合物和烟囱型水合物，主要发育于松南、陵南低凸起和陵水、宝岛凹陷等区域，赋存层位主要为乐东组。琼东南盆地平均地温梯度 $4℃/100m$，中央坳陷带地温梯度更高，属于异常高温环境。该区热解气和生物气气源充足、资源潜力大，能够为水合物的形成提供充足的竖源供给。天然气运聚系统较优越，存在生物气源自生自储型、热解气源断层裂隙下生上储型、热解气源底辟和气烟囱下生上储型三种类型的水合物成藏模式[33]。

（五）南沙海槽

南沙海槽位于南海东南部，沿东北方向分布，长约 680km，宽 80~120km，其水深可达 2000~3300m，地形平坦，但有圆形洼地和海山。南沙海槽沉积层厚1000~3000m，其中存在大量海相黏土岩，有机质含量高，可为天然气水合物的形成提供充分原料[34]。南沙海槽历经复杂的构造运动，发育了诸多适宜天然气水合物成藏并储存的地下环境。水合物地层主要赋存于晚中新世沉积物中，水深1100~2800m，海床以下埋深 300~350m；分布于巴拉姆三角洲逆冲带、压缩逆冲带前缘、古近系逆冲断层和底部沉积物中，主要发育在逆冲背斜顶部。海底地形受构造控制，水合物地层沿东北方向分布，最大长度 190km，平均横向延伸5km，相互平行。

第二节　水合物地层钻井与固井国内外研究现状

一、水合物地层钻井研究现状

海洋环境中的水合物主要赋存于海底浅表地层中，其钻井主要包括深水油气开采的表层钻井，以及针对水合物资源勘查的钻探钻井。

（一）油气开采表层钻井

深水油气钻井以钻达目标油气地层为目的，一般不取心，表层段常遇到水合物地层，主要通过调节钻井液性能，如通过低温钻井液减少钻进过程产生的热量对水合物稳定性的影响，引入外加剂改变相平衡曲线减少地层中水合物分解和井眼内水合物再生成，采用微过平衡钻井提高井壁稳定性等。

表层钻井是深水钻井作业成败的关键之一，除水合物外，其主要受地质和工程两方面因素的影响，如低温高压环境、浅层高压气水层、力学强度极低的海洋沉积物、断层等，以及隔水管加长、海上钻井平台的稳定难度大、低温下钻井液流变性变化、钻井液用量大、井斜控制难度大等。适用于表层的钻井技术主要包括动态压井、喷射下导管钻井、无隔水管钻井、双梯度钻井、人工海底和三维地震等[36]。

动态压井通过动态调节钻井液密度控制井底压力的方式，解决了初期无水下井口装置钻遇浅层高压气水层时井控困难的问题。喷射下导管钻井、无隔水管套管和无隔水管钻井液回收钻井都属于无隔水管钻井。喷射下导管钻井主要是利用钻井液喷射压力和管串自重下导管，通过所下的导管解决沉积物松散、地层破裂压力低、浅层气和水流等的影响问题[37]。无隔水管套管钻井中钻进和下套管同时进行，节省下钻杆时间，缩短井壁浸泡时间，增加井壁稳定性。无隔水管钻井液回收钻井通过海底举升泵将钻井液举升至钻井平台，利用吸入模块实现井眼和海水之间的密封，形成双梯度区间，降低钻井液柱压力，从而降低隔水管对平台产生的荷载，降低地层破裂的风险，增大钻井液密度窗口[38]。

双梯度钻井包括海底举升泵、注空心微球和注气体等，都是通过降低隔水管中钻井液密度来降低钻井液柱压力，降低地层破裂的风险，增大钻井液密度窗口。人工海底则是将钻井装备安装在水下一定深度，避免受海上恶劣气候和风浪环境影响，同时也降低了对钻井设备的性能要求。三维地震技术则主要是先行识别和避免浅层危害，降低浅层流、水合物和断层等特殊地质条件的影响[36]。

（二）资源勘查钻探

水合物资源钻探主要是获取水合物地层信息，评价资源量、可开采性以及开采方法等。现场钻探取样加后续样品分析是最直接可靠的方法，也是目前探明水合物资源最重要的手段之一。水合物地层取心困难，主要面临保压和保温效果差，取心率低等技术问题，而目前发展起来的取心设备一定程度上解决了上述问题[39]。

自从1984年深海钻探计划中压力取心管出现以后，有关水合物保真取心装置陆续问世。例如，大洋钻探计划中的保压取心系统（Pressure Coring System，PCS）[40,41]，欧盟资助的水合物保压取心装置及应用计划中的冲击式保压取心器（Fugro Pressure Corer，FPC）与旋转式保压取心器（Fugro Rotary Pressure Corer，FRPC），也称为 HYACE 旋转取心装置（HYdrate Autoclave Coring

Equipment，HYACE）[42]，以及日本国家石油公司（Japan National Oil Corporation，JNOC）的保温保压取心系统（Pressure Temperature Coring System，PTCS）[43]。

2002 年的 ODP204 航次[44]、2005 年的 IODP311 航次[45]与 2006 年的印度天然气水合物勘探计划中，PCS、FPC 与 FRPC 在钻探船上都得到了应用。2003 年、2005 年、2006 年以及 2007 年，印度进行的 5 次天然气水合物勘探航次中，使用了由 HYACE 旋转取心器发展改进的 HYACINTH 取心工具系统（Development of the HYACE Tools in New Tests on Hydrates，HYACINTH）[42]。HYACINTH 系统在当时的取心技术上建立了岩心保压分析与转移系统（Pressure Core Analysis and Transfer System，PCATS），即能够在保压条件下测试岩心的电阻率、力学强度等基本物性参数，并能够对其进行切割、转移等[42]。墨西哥湾联合工业计划（the Gulf of Mexico Gas Hydrate Joint Industry Project，GOM－JIP）第Ⅲ航次中，HYACINTH 系统的岩心处理过程等得到了进一步改进，使之与测试系统的整合性更好[46]。2015 年 7 月，我国也成功地在南海陵水区块利用 TKP-1 保温保压取心器对水深 804m 和 1392m 的海洋含水合物沉积物进行了取心作业，取心直径 52mm，长度 1m，压力损失在 10% 以内，取心温度比原位温度高 3.4℃，保温保压效果良好[47]。

二、水合物地层固井研究现状

当深水油气固井遇到水合物地层时，水泥浆水化放热会导致水合物分解，从而引发二界面开裂、水泥环贯穿、井壁垮塌等一系列固井质量问题。天然气水合物严重影响深水表层固井作业，给套管－水泥环－地层联合体的质量和完整性[48]带来巨大的技术挑战。水合物地层固井方面的研究主要体现在以下三个方面。

（一）含水合物地层固井特点与难点

固井水泥浆水化放热难以避免，随着水化热向井周地层的传递会导致温度升高。而自然界中大部分水合物都处于微弱的相平衡条件下，有时只有 1℃ 温度的升高便会引起水合物的大量分解，而水合物地层的薄弱固结状态更加剧了力学失稳[49]。固井过程中，水泥浆水化放热和向地层传热是造成水合物地层温度升高的主要原因[50-52]，如果水化放热过快会使近井壁水合物地层温度迅速升高，从而造成水合物分解，当孔隙压力大于环空压力时，高压分解气会进入水泥浆中，造成气窜等事故[53,54]。

在多年冻土区水合物地层常规油气固井作业的研究中，得出固井水泥浆只需 22min 即可使渗透范围内的水合物发生不同程度的分解，且距井壁 1 倍井径范围内的水合物全部分解，产生大量游离气和水[55]。随着固井水泥浆放热速率的升高，近井壁地层中所形成的高压气水强度明显提高，反侵发生的时间缩短，且反侵速率、反侵量等烈度明显增强[56]。而水合物分解气侵入井筒时，在上浮过程中一旦遇到阻碍，则会快速聚集形成高压空穴[57]，从而会对密封性产生重要影响。

固井水泥浆高水化热破坏水合物稳定的同时，地层的盐水流动和气窜问题也会破坏水泥环柱的水力封隔性，严重时会危及整个井的安全[58]。近井壁地层水合物的分解，除可能造成井喷外，还会导致防喷器阻塞和压井管线形成天然气水合物塞、钻井液脱水、水泥完整性损失以及气体分离设备过载等问题[59]。固井过程中水合物一旦分解便会引发一系列质量和安全问题，例如窜槽、环空带压等，在不破坏水合物稳定性的前提下，对深水油气资源进行高效安全开采是一大挑战。

水合物地层通常处于弱固结或未固结状态，其对热极为敏感，而固井过程中水泥浆水化放热难以避免，所释放和传递的热量是水合物不稳定的最重要原因[62]，这一矛盾是含水合物地层固井困难的根源所在。而水合物一旦分解，便易导致一系列质量问题和安全事故。

（二）固井水泥环和二界面密封失效机理

水泥环和二界面密封失效的研究起源极早，1964 年 Zinkham 等[63]就认识到应力作用会对水泥环水力密封能力产生影响。Goodwin 等[64]通过实验方法研究了压力条件对水泥环水力密封特性的影响，得出了往复压力荷载对水泥环的强度和密封性影响较大。在温度和应力等条件的变化下，水泥环可能发生多种形式的破坏，如微环隙、剪切破坏、拉伸裂纹、碟状裂纹等，对水泥环的强度和密封性都产生严重影响。频繁的温度和压力变化易使水泥环径向、周向和轴向应力发生改变，从而导致径向裂纹和胶结失效[68]。环空带压问题极易产生循环载荷作用，会使水泥环塑性成倍增长，严重影响水泥环的强度和密封性[69]。而水合物分解产生的高压气水进入环空是引起环空带压的主要原因之一。

另外，水泥浆凝结过程中的体积收缩也会导致内应力的产生，从而形成收缩裂隙[70,71]，气、水通过内部和界面收缩裂隙的运移进一步加剧了对密封性能的影响。固井过程环空内外皆存在较大的静水压力，当地层孔隙压力大于固井环空静水压力或侵入阻力时，地层液体会在压差下驱替进入环空水泥浆，从而导致管外冒、水窜等诸多胶结质量问题[72]。固井水泥浆放热导致水合物分解，产生的游离气和水在压差条件满足时侵入二界面和固井水泥浆中，从而在水泥石和二界面形成微裂隙，影响水泥石强度和密封性，导致固井质量下降。而水泥浆放热速率越小，反侵行为发生的可能性越小或反侵发生时间越迟，反侵的气体量也越少，当放热量足够小时，可以有效避免反侵的发生[73]。

流体侵入、往复应力荷载、自收缩等是造成水泥环和二界面裂隙，降低其强度和密封性的主要原因。水合物地层固井包含多种不利因素，水化热导致的水合物分解产物高压气水反侵环空水泥浆，改变水泥浆组分比和在凝结硬化后的水泥环中形成裂隙的影响最为显著，因此合理控热是水合物地层固井的关键。

（三）水合物地层固井质量提升措施

水合物地层固井质量提升的关键在于通过控热来减少或避免水合物的分解，因此降热控热等改变水泥浆放热特性的研究成为关键。低热水泥浆难免存在早期强度低的问题，通过硫铝酸钙等矿物熟料的掺入，可以改善水泥浆低温水化能力弱、早期抗压强度低和水泥石体积收缩的缺点[74]，而利用早强剂、粉煤灰和矿渣的大比表面积，研制的低成本低热水泥浆体系，可以在增加早期强度的同时降低水化热[75,76]。除降热会导致早期强度降低外，为防止弱固结地层被压裂，选用低密度水泥浆也是需要考虑的问题。低温泡沫水泥在降低水化热的同时，能有效防止固井水泥浆压裂井周地层[77,78]。在低密度降热水泥的基础上，通过微细水泥的大比表面积可提高水化反应速度，增加早期强度，减少游离水和气的反侵[79]。增大水灰比能有效降热，但会对水泥石强度和密封性产生不利影响。有研究表明，水灰比增大 20% 时，48h 放热量减小 10% 左右，抗压强度减小甚至超过一半[80]。

利用相变材料吸热也是降热的有效手段，但直接掺入的方式会极大地影响水泥石强度，且耐久性较差[81,82]。通过合理壁材的选择制备及微胶囊再掺入的方式能显著降低影响[83,84]。相变微胶囊在良好调节水泥浆水化放热特性的同时，随着加量的增加，也会对力学强度等其他性能产生影响[88]，因此需控制合理的加量范围。通过木质纤维素、脲醛树脂等新材料的引入可减缓微胶囊对水泥石强度的影响，同时可降低水泥石的导热性[89]。另外，其对水泥浆流动性、稠化性等基本工程性能的影响也需要考量[90,91]，相变微胶囊对水泥浆的诸多性能都会有一定的影响，其添加工艺是一个复杂的系统问题。对于水合物地层固井水泥浆，单纯地研究微胶囊对某一性能的影响并不够全面，需根据现场需求，合理确定微胶囊添加工艺。

第三节　南海油气资源开采中的水合物问题

近年来，随着国内陆上油气资源开发程度的不断提高，向深水和非常规等领域进军已成为油气增储上产、能源安全稳定的必然选择[92,93]。南海是海上油气的主要产区之一，有望建成国内大型油气生产基地。南海油气与水合物资源地理位置的高度重合[94]，使得油气开采过程与水合物密不可分。在钻井和固井作业中，水合物是影响安全的重要因素，对油气开采产生重大挑战。然而，仅在低温和高压环境下稳定存在的水合物对热极为敏感，在钻采过程中极易受到扰动而发生分解[95,96]。

水合物地层钻井时，微过平衡钻井有利于保持井壁稳定性，同时会造成一定量钻井液侵入地层孔隙，影响原位地层性质和水合物稳定性。深水油气钻井常采用的高矿化度钻井液易使得地层孔隙流体盐度变化，从而影响地层特征和测井准确性。水合物地层的低温条件，相对易造成钻井液温度高于地层，加上钻进过程的摩擦生热，使得钻井液侵入过程会携带一定热量造成地层温度升高，往往使水合物发生分解，影响原位地层性质，造成测井失真，严重的甚至会造成大量水合物分解，导致井壁地层强度下降，影响力学稳定性[97]。因此，钻井过程中钻井液侵入和水合物分解机制的研究成为关键。

当固井遇上水合物地层时，水泥浆水化放热易造成近井壁地层中水合物分解，形成的高压游离气、水在高压驱替下反向运移[62,73]，停留于二界面处或侵入水泥浆中，从而影响凝结过程，对水泥环内部结构和力学强度、二界面胶结强度和地层封隔能力产生不利影响，往往导致二界面缩胀开裂、水泥环裂隙贯穿、井壁垮塌、水气窜流、甲烷泄露甚至固井报废等严重事故，如图1.1所示。另外，反侵二界面与环空的部分高压流体上返，易产生"环空带压"问题，从而改变水下井口"疲劳热点"应力状态，产生严重疲劳损伤，对现场安全钻井和周围生态环境产生极大影响。水合物地层通常处于弱固结或未固结状态，其对热极为敏感，而固井过程中水泥浆水化放热难以避免，所释放和传递的热量是水合物不稳定的最重要原因。合理控热来减少水合物的分解是根源上的解决手段，对提高水泥环强度和密封性作用显著。另外，提高固井质量，还需要解决低温环境下水泥环早期强度低的问题。因此，固井过程中的传热和水合物分解对固井质量的影响研究，以及如何有效控热和提高早期强度是保障固井安全的关键。

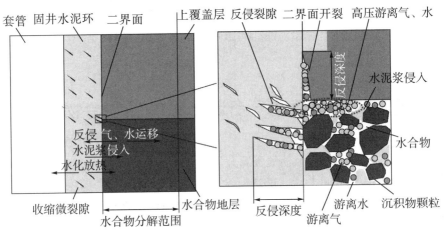

图 1.1　井周水合物地层固井过程传热传质示意图

参考文献

[1] 林伯强. 中国能源发展报告 2021 [M]. 北京：科学出版社，2021.

[2] 王陆新，潘继平，杨丽丽. 全球深水油气勘探开发现状与前景展望 [J]. 石油科技论坛，2020，39 (2)：31−37.

[3] 谢玉洪，高阳东. 中国海油近期国内勘探进展与勘探方向 [J]. 中国石油勘探，2020，25 (1)：20−30.

[4] 冯杨伟，屈红军，张功成，等. 南海北部琼东南盆地深水区梅山组一段地震相分析 [J]. 矿物岩石，2016，36 (1)：82−95.

[5] 吴敬武，孙国忠，鲁银涛，等. 南海油气藏类型及分布规律 [J]. 海相油气地质，2019，24 (3)：29−38.

[6] 高红芳，王衍棠，郭丽华. 南海西部中建南盆地油气地质条件和勘探前景分析 [J]. 中国地质，2007，34 (4)：592−598.

[7] 陈玲，钟广见. 南海中建南盆地地震地层分析 [J]. 石油物探，2008，47 (6)：609−617.

[8] 屈红军，张功成，孙晓晗，等. 中国深水盆地油气勘探及成藏研究进展——以中国南海北部为例 [J]. 西北大学学报（自然科学版），2022，52 (6)：1028−1043.

[9] 裴健翔，宋鹏，郭明刚，等. 琼东南盆地第四纪中央峡谷体系沉积演化与油气前景 [J]. 地球科学，2023，48 (2)：451−464.

[10] 刘芳，原峰，施秋华. 南沙曾母盆地质构造特征与油气资源潜力 [J]. 海洋地质前沿，2017，33 (5)：32−38.

[11] 朱伟林，张功成，钟锴，等. 中国南海油气资源前景 [J]. 中国工程科学，2010，12 (5)：46−50.

[12] 谢晓军，张功成，赵志刚，等. 曾母盆地油气地质条件、分布特征及有利勘探方向 [J]. 中国海上油气，2015，27 (1)：19−26.

[13] 何敏，黄玉平，朱俊章，等. 珠江口盆地东部油气资源动态评价 [J]. 中国海上油气，2017，29 (5)：1−11.

[14] 施和生，何敏，张丽，等. 珠江口盆地（东部）油气地质特征、成藏规律及下一步勘探策略 [J]. 中国海上油气，2014，26 (3)：11−22.

[15] 施和生. 论油气资源不均匀分布与分带差异富集——以珠江口盆地珠一坳陷为例 [J]. 中国海上油气，2013，25 (5)：1−8，25.

[16] 张文昭，张厚和，李春荣，等. 珠江口盆地油气勘探历程与启示 [J]. 新疆石油地质，2021，42 (3)：346−352，363.

[17] 熊莉娟，李三忠，索艳慧，等. 南海南部新生代控盆断裂特征及盆地群成因 [J]. 海洋地质与第四纪地质，2012，32 (6)：113−127.

[18] 刘世翔，赵志刚，谢晓军，等. 文莱−沙巴盆地油气地质特征及勘探前景 [J]. 科学技术与工程，2018，18 (4)：29−34.

[19] 谢晓军，赵志刚，张功成，等. 南海南部三大盆地油气地质条件差异性 [J]. 地球科

学，2018，43（3）：802—811.

[20] 毕海波，马立杰，黄海军，等. 台西南盆地天然气水合物甲烷量估算 [J]. 海洋地质与第四纪地质，2010，30（4）：179—186.

[21] 吴时国，王吉亮. 南海神狐海域天然气水合物试采成功后的思考 [J]. 科学通报，2018，63（1）：2—8.

[22] 龚跃华，吴时国，张光学，等. 南海东沙海域天然气水合物与地质构造的关系 [J]. 海洋地质与第四纪地质，2008，28（1）：99—104.

[23] 王玥霖. 南海东沙探区天然气水合物成藏条件和分布主控因素研究 [D]. 北京：中国石油大学（北京），2016.

[24] Wang X J, Collett T S, Lee M W, et al. Geological controls on the occurrence of gas hydrate from core, downhole log, and seismic data in the Shenhu area, South China Sea [J]. Marine Geology, 2014, 357：272—292.

[25] Zhang W, Liang J Q, Wei J G, et al. Geological and geophysical features of and controls on occurrence and accumulation of gas hydrates in the first offshore gas－hydrate production test region in the Shenhu area, Northern South China Sea [J]. Marine and Petroleum Geology, 2020, 114：104191.

[26] 杨胜雄，梁金强，陆敬安，等. 南海北部神狐海域天然气水合物成藏特征及主控因素新认识 [J]. 地学前缘，2017，24（4）：1—14.

[27] Li J F, Ye J L, Qin X W, et al. The first offshore natural gas hydrate production test in South China Sea [J]. China Geology, 2018, 1（1）：5—16.

[28] 钟广见，张如伟，易海，等. 南海北部陆坡深水区浅层天然气藏特征 [J]. 热带海洋学报，2018，37（3）：80—85.

[29] 王宏语，孙春岩，张洪波，等. 西沙海槽潜在天然气水合物成因及形成地质模式 [J]. 海洋地质与第四纪地质，2005，25（4）：85—91.

[30] 朱其，吴其林，吴迅达，等. 神狐海域与西沙海槽天然气水合物成藏模式对比 [J]. 海洋地质前沿，2017，33（7）：55—62.

[31] 何勇，苏正，吴能友. 非烃类气体对琼东南盆地深水区水合物稳定带厚度的影响 [J]. 热带海洋学报，2012，31（5）：62—69.

[32] 马云，李三忠，梁金强，等. 南海北部琼东南盆地海底滑坡特征及其成因机制 [J]. 吉林大学学报（地球科学版），2012，42（S3）：196—205.

[33] 张旭东. 琼东南海域天然气水合物地震反射特征 [J]. 物探与化探，2014，38（6）：1152—1158.

[34] 陈忠，颜文，黄奇瑜，等. 南沙海槽潜在天然气水合物的地质环境及其指标特征 [J]. 地学前缘，2007（6）：299—308.

[35] 苏新，陈芳，于兴河，等. 南海陆坡中新世以来沉积物特性与气体水合物分布初探 [J]. 现代地质，2005（1）：1—13.

[36] 董广建，陈平，马天寿，等. 深水表层钻井关键技术及装备研究应用现状 [J]. 石油机械，2013，41（6）：49—53，80.

[37] 刘和兴，方满宗，刘智勤，等. 南海西部陵水区块超深水井喷射下导管技术 [J]. 石油钻探技术，2017，45（1）：10—16.

[38] 徐群，陈国明，王国栋，等. 无隔水管海洋钻井技术 [J]. 钻采工艺，2011，34（1）：11—13，112—113.

[39] 吴玲妍. 水合物地层钻探取心工程风险分析 [D]. 东营：中国石油大学，2013.

[40] Pettigrew T L. Design and operation of a wireless pressure core sampler (PCS) [M]. College Station, Texas, USA: Texas A & M University, 1992.

[41] Graber K K, Pollard E, Jonasson B, et al. Overview of Ocean Drilling Program Engineering Tools and Hardware [M]. College Station, Texas, USA: Texas A & M University, 2002.

[42] Humphrey G D. Borehole pressure coring and laboratory pressure core analysis for gas hydrate investigations [C] // Proceedings of the Offshore Technology Conference. Offshore Technology Conference, Houston, Texas, USA, 2008.

[43] Takahashi H, Tsuji Y. Multi-well exploration program in 2004 for natural hydrate in the Nankai－Trough offshore Japan [C] // Proceedings of the Offshore Technology Conference, Houston, Texas, USA, 2005.

[44] Tréhu A M, Bohrmann G, Rack F R, et al. Leg 204 summary [C] // Proceedings of the Ocean Drilling Program, Initial Reports Volume 204, 2003.

[45] Riedel M, Collett T S, Malone M, et al. Expedition 311 synthesis: Scientific findings [C] // Proceedings of the Integrated Ocean Drilling Program, Volume 311, Washington, Kansas, USA, 2010.

[46] Schultheiss P J, Aumann T J, Humphrey G D. Pressure coring and pressure core analysis for the upcoming Gulf of Mexico Joint Industry Project Coring Expedition [C] // Proceedings of the Offshore Technology Conference, Houston, Texas, USA, 2010.

[47] 蔡家品，赵义，阮海龙，等. 海洋保温保压取样钻具的研制 [J]. 探矿工程：岩土钻掘工程，2016，43（2）：60—63.

[48] 齐国强，王青云，王新兴. 大庆油田调整井薄层固井技术 [J]. 石油钻探技术，1998，26（3）：33—35，63.

[49] Sloan E D, Koh C. Clathrate hydrates of natural gases [M]. London: CRC Press, 2008.

[50] Hampshire K, Mcfadyen M, Ong D, et al. Overcoming deepwater cementing challenges in South China Sea, East Malaysia [C] // Proceedings of the IADC/SPE Asia Pacific Drilling Technology Conference and Exhibition. Society of Petroleum Engineers, Bangkok, Thailand, 2004.

[51] Reddy B R, Halliburton R. Novel low heat-of-hydration cement compositions for cementing gas hydrate zones [C] // Proceedings of the CIPC/SPE Gas Technology Symposium 2008 Joint Conference. Society of Petroleum Engineers, Calgary, Alberta, Canada, 2008.

[52] Tan C P, Freij R, Clennell M B, et al. Managing wellbore instability risk in gas hydrate-bearing sediments [C] // Proceedings of the SPE Asia Pacific Oil and Gas Conference and Exhibition. Society of Petroleum Engineers, Jakarta, Indonesia, 2005.

[53] Ravi K, Iverson B, Moore S. Cement-slurry design to prevent destabilization of hydrates in deepwater environment [J]. Petroleum Drilling Techniques, 2009, 24 (3): 373-377.

[54] Ravi K, Biezen E N, Lightford S C, et al. Deepwater cementing challenges [C] // Proceedings of the SPE Annual Technical Conference and Exhibition, Houston, Texas, USA, 1999.

[55] 刘天乐, 郑少军, 王韧, 等. 固井水泥浆侵入对近井壁水合物稳定的不利影响 [J]. 石油学报, 2018, 39 (8): 937-946.

[56] Zheng M M, Wang X Y, Wang Z L, et al. Influence of cement slurry heat release on physical properties of marine hydrate reservoirs during well cementing [J]. IOP Conference Series: Earth and Environmental Science, 2021, 228: 01017.

[57] 王韧, 宁伏龙, 刘天乐, 等. 游离甲烷气在井筒内形成水合物的动态模拟 [J]. 石油学报, 2017, 38 (8): 963-972.

[58] 王瑞和, 齐志刚, 步玉环. 深水水合物层固井存在问题和解决方法 [J]. 钻井液与完井液, 2009, 26 (1): 78-80.

[59] 张俊, 潘宏霖, 张诗航, 等. 深水固井水泥浆技术难点分析及其防治措施研究 [J]. 辽宁化工, 2020, 49 (11): 1427-1429, 1437.

[60] 许明标, 黄守国, 王晓亮, 等. 深水固井水泥浆的水化放热研究 [J]. 石油天然气学报, 2010, 32 (6): 112-115.

[61] 许明标, 王晓亮, 周建良, 等. 天然气水合物层固井低热水泥浆研究 [J]. 石油天然气学报, 2014, 36 (11): 8-9, 134-137.

[62] 郑明明, 王晓宇, 周珂锐, 等. 南海水合物储层固井过程高压气水反侵临界条件判别 [J]. 中南大学学报 (自然科学版), 2022, 53 (3): 963-975.

[63] Zinkham R E, Goodwin R J. Burst resistance of pipe cemented into the earth [J]. Journal of Petroleum Technology, 1962, 14 (9): 1033-1040.

[64] Goodwin K J, Crook R J. Cement sheath stress failure [J]. SPE Drilling Engineering, 1992, 7 (4): 291-296.

[65] 王正锦, 王铁军. 油气井密封结构的变形与失效行为研究进展 [J]. 力学学报, 2019, 51 (3): 635-655.

[66] Tahmourpour F, Griffith J. Use of finite element analysis to engineer the cement sheath for production operations [J]. Journal of Canadian Petroleum Technology, 2007, 46 (5): 10-13.

[67] Garnier A, Saint-Marc J, Bois A P, et al. An innovative methodology for designing cement-sheath integrity exposed to steam stimulation [J]. SPE Drilling & Completion, 2010, 25 (1): 58-69.

［68］ Liu K，Gao D，Arash D T. Analysis on integrity of cement sheath in the vertical section of wells during hydraulic fracturing ［J］. Journal of Petroleum Science and Engineering，2018，168：370−379.

［69］ 席岩，李军，陶谦，等. 循环载荷作用下微环隙的产生及演变 ［J］. 断块油气田，2020，27 （4）：522−527.

［70］ Baumgarte C，Thiercelin M，Klaus D. Case studies of expanding cement to prevent microannular formation ［C］// Proceedings of the SPE Annual Technical Conference and Exhibition. Society of Petroleum Engineers，Houston，Texas，USA，1999.

［71］ Justnes H，Loo D V，Reyniers B，et al. Chemical shrinkage of oil well cement slurries ［J］. Advances in Cement Research，1995，7 （26）：85−90.

［72］ 顾军，高兴原，刘洪. 油气井固井二界面封固系统及其破坏模型 ［J］. 天然气工业，2006，26 （7）：74−76.

［73］ 郑明明，王晓宇，周珂锐，等. 深水油气固井水合物储层物性响应与高压气水反侵研究 ［J］. 煤田地质与勘探，2021，49 （3）：118−127.

［74］ 王成文，王瑞和，步玉环，等. 深水固井水泥性能及水化机理 ［J］. 石油学报，2009，30 （2）：280−284.

［75］ Huo J H，Peng Z G，Ye Z B，et al. Preparation，characterization and investigation of low hydration heat cement slurry system used in natural gas hydrate formation ［J］. Journal of Petroleum Science and Engineering，2018，170：81−88.

［76］ Huo J，Peng Z，Feng Q，et al. Controlling the heat evaluation of cement slurry system used in natural gas hydrate layer by micro-encapsulated phase change materials ［J］. Solar Energy，2018，169：84−93.

［77］ Waheed A，Cockram M，Bahr M. Foam cementing controls deepwater shallow flow in the East Mediterranean ［C］// Proceedings of the SPE International Petroleum Conference and Exhibition in Mexico. Society of Petroleum Engineers，Villahermosa，Tabasco，Mexico，2002.

［78］ White J，Moore S，Miller M，et al. Foaming cement as a deterrent to compaction damage in deepwater production ［C］// Proceedings of the IADC/SPE Drilling Conference. Society of Petroleum Engineers，New Orleans，Louisiana，USA，2000.

［79］ 陈英，舒秋贵. 低温微细低密度水泥的实验研究 ［J］. 天然气工业，2005，25 （12）：74−76.

［80］ 郑少军，刘天乐，高鹏，等. 固井水泥石孔隙结构演变及力学强度发展规律 ［J］. 材料导报，2021，35 （12）：12092−12098.

［81］ 史巍. 相变控温材料在土木工程中的应用 ［M］. 北京：科学出版社，2020：94−102.

［82］ Baskar I，Prabavathy S，Jeyasubramanian K，et al. Thermal and mechanical characterization of micro-encapsulated phase change material in cementitious composites ［J］. Iranian Journal of Science and Technology，Transactions of Civil Engineering，2021，46，1141−1151.

[83] Feng Q, Liu X J, Peng Z G, et al. Preparation of low hydration heat cement slurry with micro-encapsulated thermal control material [J]. Energy, 2019, 187: 116000.

[84] 李磊, 刘和兴, 颜帮川, 等. 用于低水化热水泥浆的导热增强相变微胶囊制备 [J]. 中国造船, 2019, 60 (4): 213-221.

[85] Liu X J, Feng Q, Peng Z G, et al. Preparation and evaluation of micro-encapsulated thermal control materials for oil well cement slurry [J]. Energy, 2020, 208: 118175.

[86] Huo J H, Peng Z G, Xu K, et al. Novel micro-encapsulated phase change materials with low melting point slurry: Characterization and cementing application [J]. Energy, 2019, 186: 115920.

[87] Huo J H, Zhang R Z, Yu B S, et al. Preparation, characterization, investigation of phase change micro-encapsulated thermal control material used for energy storage and temperature regulation in deep-water oil and gas development [J]. Energy, 2022, 239: 122342.

[88] 杨国坤, 蒋国盛, 刘天乐, 等. 控温自修复微胶囊的制备及在水合物地层固井水泥浆中的应用 [J]. 材料导报, 2021, 35 (2): 2032-2038.

[89] 赵冰, 徐雪丽, 宋伟. 相变干混保温砂浆的配制及性能研究 [J]. 硅酸盐通报, 2015, 34 (2): 575-580.

[90] 王信刚, 姚昊, 谢昱昊, 等. 水泥基用相变微胶囊的颗粒特征与热力学性能 [J]. 硅酸盐通报, 2018, 37 (2): 567-571, 577.

[91] Sanfelix S G, Santacruz I, Szczotok A M, et al. Effect of micro-encapsulated phase change materials on the flow behavior of cement composites [J]. Construction and Building Materials, 2019, 202: 353-362.

[92] 邹才能, 翟光明, 张光亚, 等. 全球常规-非常规油气形成分布、资源潜力及趋势预测 [J]. 石油勘探与开发, 2015, 42 (1): 13-25.

[93] 穆龙新, 陈亚强, 许安著, 等. 中国石油海外油气田开发技术进展与发展方向 [J]. 石油勘探与开发, 2020, 47 (1): 120-128.

[94] Wang X Y, Zheng M M, Zhou K R, et al. Physical property response of peri-well sediments during cementing of gas hydrate-bearing sediments in conventional oil-gas wells in the South China Sea [J]. Frontiers in Earth Science, 2023, 11: 1131298.

[95] Merey Ş. Drilling of gas hydrate reservoirs [J]. Journal of Natural Gas Science & Engineering, 2016, 35: 1167-1179.

[96] Fang H, Xu M C, Lin Z Z, et al. Geophysical characteristics of gas hydrate in the muli-area, Qinghai province [J]. Journal of Natural Gas Science and Engineering. 2017, 37: 539-550.

[97] Zheng M M, Liu T L, Jiang G S, et al. Large-scale and high-similarity experimental study of the effect of drilling fluid penetration on physical properties of gas hydrate-bearing sediments in the Gulf of Mexico [J]. Journal of Petroleum Science and Engineering, 2019, 187: 106832.

［98］Fereidounpour A，Vatani A. An investigation of interaction of drilling fluids with gas hydrates in drilling hydrate bearing sediments ［J］. Journal of Natural Gas Science & Engineering，2014，20：422－427.

［99］宁伏龙，张可霓，吴能友，等. 钻井液侵入海洋含水合物地层的一维数值模拟研究 ［J］. 地球物理学报，2013，56（1）：204－218.

第二章 含水合物沉积物物性特征

第一节 含水合物沉积物孔渗性质

一、含水合物沉积物孔隙结构

含水合物沉积物孔隙结构特征是研究水合物的基础，其准确分析和表征对理解孔隙中水合物赋存形态、分解和形成机理，以及储层开采过程的渗流机制都具有十分重要的意义和指导作用。孔隙结构特征主要包括沉积物孔隙和喉道的几何形状特征、尺寸与分布、连通性等，直接影响沉积物的宏观物理力学性质，特别是对基于地震[3]、电学和声波技术探测的准确性有重要影响，直接关系到水合物资源的准确定位与定量评估。同时，水合物的分布模式对开采过程中地层的渗透性及附近地层的力学稳定性有重要影响，主要受沉积物类型、沉积环境和形成方法的影响[7]。

由于特殊的沉积环境，自然界中孔隙水合物分布模式较为单一，主要为孔隙填充型。相对而言，室内实验中合成的水合物分布模式较多，包括孔隙填充、颗粒表面粘接、颗粒间胶结型、斑状以及骨架支撑（负载）等。同时，粗粒沉积物孔隙中水合物分布模式多样，而细粒沉积物孔隙中水合物主要以孔隙填充和骨架支撑形式存在[8]。简而言之，沉积物孔隙中水合物微观分布模式可概括为三种，包括颗粒胶结、孔隙填充和骨架支撑等模式，并且随着水合物饱和度的变化，分布模式之间会有一定的变化和过渡。不同分布模式的水合物在分解过程中会造成不同的孔隙率、渗透率和力学强度等宏观性质的变化。

水合物的实验合成方法主要包括原位生成法、鼓泡法和混合压制法三种，利用鼓泡法在沉积物孔隙中生成水合物的操作难度较大，通常于溶液中生成。原位生成法的生成过程最接近自然界中水合物资源的形成，其又分为恒压法和定容法。在水合物生成过程中除控制温压环境外，通常将水和气反应物的一方过量，分为甲烷气过量法和孔隙水过量法，甲烷气过量法容易在颗粒胶结处形成水合物，而孔隙水过量法容易形成骨架支撑型水合物。

国内外学者对水合物沉积物微观结构和水合物分布进行了大量的研究，目前主要的观测手段包括光学显微、核磁共振成像（MRI）和 X 射线计算机断层扫描技术（CT）。Dai 等[9]和 Konno[10]提出沉积物孔隙中水合物微观分布模式主要包括颗粒胶结（接触式胶结和颗粒表面薄层式胶结）、孔隙填充（一般孔隙填充和片状孔隙填充）和骨架承重，随着水合物饱和度的增大逐渐从孔隙填充到颗粒胶结再到骨架承重等分布模式变化，同时增加了分布的不均匀性。Zhao 等[11]利用核磁共振成像研究了孔隙介质中四氢呋喃水合物的生成，得出颗粒表面、小尺寸孔隙和较低的温度更加有利于水合物的形成。Tohidi 等[12]和 Katsuki 等[13]通过光学显微镜观察了微小玻璃珠孔隙中水合物的成核、生长和分解，首先得出水合物是先在水中成核而不是在亲水性的玻璃珠表面成核。Chaouachi 等[14]利用高分辨率 CT 对亚微米级别的孔隙中水合物进行了清晰观测，得出水合物并不附着在颗粒表面，二者之间有细小的水溶液薄膜，且会影响沉积物中水、气的分布。Stern 等[15]和 Sun 等[16]利用 SEM 观测泥质粉砂沉积物中水合物微观分布形式，得出水合物主要以结合状分布，并相互胶结。

二、含水合物沉积物主要物性

孔隙水合物的不同分布模式影响沉积物物理力学性质，含水合物沉积物主要物性参数包括渗透率、孔隙率、饱和度、电阻率、比热、导热系数和相稳定程度等，在实验、数值模拟等不同应用场景中各有细分。

（一）孔隙率

孔隙是大小不等的地层骨架颗粒集合体之间所形成的空隙。孔隙的存在为地层中资源储存、流体运移提供了空间和通道条件。通常用孔隙率这一参数量化表征，即地层中孔隙体积与总体积之比：

$$\varphi = \frac{V_0 - V}{V_0} \tag{2-1}$$

式中：φ 为孔隙率（1）；V_0 为地层总体积（m^3）；V 为地层骨架颗粒总体积（m^3）。

孔隙率在一定程度上可以良好反映地层资源储存潜力和流体运移能力。多数情况下，地层中的许多孔隙并非完全相通，而是完全独立和闭合的状态，从而又可分为有效孔隙和封闭孔隙，二者之间并非完全绝对，一定情况下可以相互转换。其中有效孔隙率：

$$\varphi' = \frac{V_0 - V - V'}{V_0} \tag{2-2}$$

式中：φ' 为有效孔隙率（1）；V' 为地层中完全独立和闭合的孔隙总体积（m³）。

（二）渗透率

在一定压差下，地层允许流体在其中流动的性质称为渗透性，度量渗透性大小的参数称为渗透率。地层运输流体的能力更多地取决于喉道尺寸（图 2.1）。因此，相对于孔隙率，渗透率在地层运输流体能力的表征上更加准确。

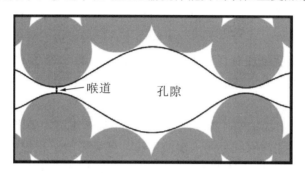

图 2.1　地层孔隙和喉道结构示意图

渗透率通常需要经过试验测量多种数据，再经由公式计算得出，计算公式由达西方程演变而来：

$$K = \frac{Q\mu L}{A \Delta P} \tag{2-3}$$

式中：K 为特定流体流过地层样品的渗透率（m²）；Q 为流体的流量（m³/s）；μ 为流体黏度（Pa·s）；L 为地层样品长度（m）；A 为地层样品过流断面面积（m²）；ΔP 为进出口压力差（Pa）。

可以看出，式（2-3）中包含流体黏度，因此求得的渗透率是所选取的测试流体介质通过测试地层样品时的渗透率。渗透率又分为绝对渗透率、相渗透率和相对渗透率。绝对渗透率是指地层孔隙中完全充满单一流体，且该流体不会与地层发生任何反应时，岩石允许该流体流过的能力。相渗透率是指地层中存在多相流动时，某一相流体的渗透率，也叫作有效渗透率。相对渗透率是指地层中存在多相流动时，某一相流体的相渗透率与地层绝对渗透率之比，是一种无量纲参数。

（三）水合物饱和度

地层孔隙空间往往赋存多种物质，而某种物质所占孔隙空间的体积百分比即为该物质的饱和度，如下式所示：

$$S_i = \frac{V_i}{V} \times 100\% \tag{2-4}$$

式中：S_i为某物质的饱和度（%）；V_i为某物质所占地层孔隙空间体积（m³）；V为地层孔隙总体积（m³）。

由此可知，当孔隙中存在多种物质时，所有物质的饱和度之和为1。含水合物地层中，水合物饱和度是一项关键指标，它代表了地层孔隙中水合物的含量，与地层孔隙率一起可以良好地表征地层的水合物资源质量。

（四）电阻率

电阻率是单位横截面积每单位长度地层的电阻值，电阻率和声波测井是最早应用于水合物地层识别的测井方法，因水合物具有稳定良好的电学响应，故电阻率测井在含水合物地层中应用效果良好。利用电阻率测井再基于阿尔奇公式能够估算孔隙中水合物的饱和度。水合物地层电阻率主要包括地层骨架电阻率、地层骨架饱和孔隙水电阻率和原位地层电阻率。

（五）地层骨架比热和导热系数

地层骨架比热是指地层骨架颗粒的平均比热容，即地层骨架颗粒每升高1℃时需要吸收的热量。地层导热系数是指在稳定传热条件下，单位厚度的地层，两侧表面的温差为1℃时，一定时间内通过单位面积所传递的热量，主要包括地层骨架导热系数、沉积物导热系数、饱和水导热系数和原位地层导热系数。地层骨架导热系数是指地层骨架颗粒的导热系数；沉积物导热系数是指地层孔隙中充满气体时的导热系数；饱和水导热系数是指地层孔隙中充满水时的导热系数，包括纯水、海水等；原位地层导热系数是指原位条件下地层的导热系数，孔隙中包括孔隙水、水合物、甲烷气等。

（六）水合物相稳定系数

天然气水合物仅在低温和高压的环境下稳定存在，由于自然界水合物地层地质条件差异性，其所对应的水合物相平衡图上位置不一，难以定量表征。为了更好地表征地层中水合物相的稳定性，提出一种新的可量化指标参数，即水合物相稳定系数，由水合物相温度和压力稳定系数表示，其中温度稳定系数可表示如下：

$$T_{sc} = (T - T_0)/T \tag{2-5}$$

$$T = h(P_0) \tag{2-6}$$

式中：T_{sc}为水合物相温度稳定系数（1）；T为地层压力所对应的水合物相平衡温度（℃）；T_0为地层温度（℃）；$h(x)$为水合物相平衡曲线函数；P_0为地层孔隙压力（MPa）。

水合物相压力稳定系数P_{sc}可由式（2-5）和式（2-6）类比得出，而水合物相稳定系数HP_{sc}可表示为温度和压力稳定系数的函数值，简单化可取为二者的平均值代替（图2.2）。

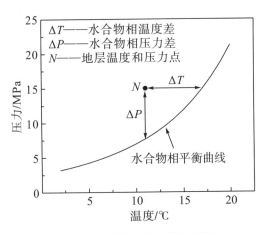

图 2.2　水合物相稳定性示意图

第二节　含水合物沉积物微观孔隙与宏观物性响应

含水合物沉积物微观孔隙与宏观物性之间有密切的关系，通过对孔隙中水合物的形成和分解过程的观测，可以直观地发现过程中微观孔隙与宏观物性的变化以及二者的响应关系。

一、孔隙水合物观测

（一）实验仪器与材料

过程中所使用的微观孔隙观测设备为 VK－X100/200 激光测量显微系统（美国基恩士公司），简易合成装置（图 2.3）自制而成，水合物形成与分解过程的温度和电阻的变化分别由 Toprie TP700 多路数据记录仪（深圳市拓普瑞电子有限公司）和 Tonghui TH2817B LCR 数字电桥（常州同惠电子股份有限公司）监测记录。所用实验材料主要包括天然石英砂（上海宏派金属材料有限公司）、钠基膨润土（武汉地网非开挖科技有限公司）、四氢呋喃（THF）溶液（国药集团化学试剂有限公司，99.0％）、氯化钠粉末（天津市鼎盛鑫化工有限公司，99.5％），以及实验室自制蒸馏水。

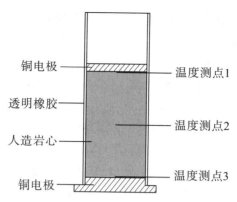

铜电极 —— 温度测点1

透明橡胶 ——

—— 温度测点2

人造岩心 ——

铜电极 —— 温度测点3

图 2.3　四氢呋喃水合物合成装置示意图

VK－X100/200 激光测量显微系统主要由高灵敏度 16 位激光发射和接收器、数据采集和 2D/3D 图像重建系统、不同倍数目镜和可调节测量工作台等组成，可通过红色半导体激光测量物体表面的形状、高度差、角度、表面积和薄膜厚度等，无须真空环境测量，可直观快速观测物体表面一定高度内的形状，通过激光扫描和数据接收处理可对物体表面的立体形态进行高分辨率 3D 重建，主要参数如表 2.1 所示。

表 2.1　VK－X100/200 激光测量显微系统主要参数

参数项	值
最大倍率	19200
最小视野范围	$16\sim5400\mu m$
Z 方向分辨率	5nm
XY 方向分辨率	10nm
最大样品高度	28mm
XY 手动运行范围	70mm×70mm
XY 电动运行范围	100mm×100mm
激光类型	红色半导体激光
激光波长	658nm
激光点半径	$0.2\mu m$
最大功率	0.95mW

水合物合成装置为自行设计制作的简易装置，主要由上下两个铜电极和透明橡胶侧壁组成，内径为 25mm，高约 70mm。橡胶侧壁为透明橡胶软薄膜，可以快速拆卸和包裹在岩心表面，材料不与四氢呋喃发生反应，且为一次性用品。橡

胶薄膜和下铜电极之间以及薄膜与薄膜之间的密封通过密封胶实现。

（二）实验步骤

实验主要分为三个部分[17]：①人造岩心的制备。为了达到石英砂颗粒表面的亲水性，人造岩心主要采用天然石英砂、膨润土与少量水填压而成，不含黏结剂。②四氢呋喃水合物合成。孔隙中水合物的形成相对较为复杂且饱和度较低，温度和压力曲线的变化不明显，因此先在溶液中生成四氢呋喃水合物作为先导实验，寻找相平衡温度点并验证实验的可靠性，然后在孔隙中形成水合物。③孔隙水合物分解观测。观测不同饱和度和分布模式的水合物在加热分解前后孔隙结构形态、水合物变化以及孔隙水的运移情况。主要步骤如下。

（1）水合物生成：首先配制 3.5％氯化钠溶液与蒸馏水的冰水混合物，分别对 TH2817B LCR 数字电桥和 TP700 多路数据记录仪进行电阻和温度校正。然后在 25℃下分别配制 19％、24％和 29％三种浓度的四氢呋喃水溶液，接着将水合物合成装置放置在 4.0℃的恒温水浴中冷却形成水合物，过程中记录温度和电阻变化情况。将一定比例的石英砂和膨润土拌和均匀，填压在水合物合成装置中，过程中在设计位置安置温度探头，然后分别注入使孔隙饱和 19％、24％和 29％的四氢呋喃溶液，并在 4℃恒温水浴条件下形成水合物。

（2）孔隙水合物观测：孔隙水合物生成后，取一定量岩心并截取新鲜断面，然后放置在显微系统观测台上，将陶瓷加热片贴靠在岩心两侧，如图 2.4 所示，在 4℃的低温条件下进行观测。利用光学显微镜快速调整观测台到出现图像，并观察孔隙中水合物和孔隙水分布。利用激光扫描骨架颗粒和孔隙水合物轮廓，并进行三维孔隙结构重建。

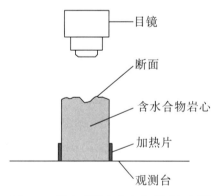

图 2.4　岩心孔隙中水合物观测示意图

二、孔隙水合物形成过程温度和电阻变化

19％、24％和 29％三种浓度的四氢呋喃溶液中水合物形成时的温度和电阻

变化情况如图 2.5 和图 2.6 所示。溶液初始温度为 23.8℃，初始电阻分别为 99.8kΩ、123.9kΩ 和 144.3kΩ。随着温度的下降，溶液的电阻不断升高。当时间为 20min 左右时（O 点），电阻的上升速率开始明显增大，此时温度分别为 4.4℃、4.3℃ 和 4.3℃，根据常压下四氢呋喃水合物的相平衡温度大约为 4.4℃[18]可以判断此时开始形成水合物。随着反应的进行，时间为 25min 时温度达到最低点 A 点，此时三种溶液的温度分别为 4.0℃、4.1℃ 和 4.1℃，电阻分别为 211.1kΩ、274.5kΩ 和 310.8kΩ。

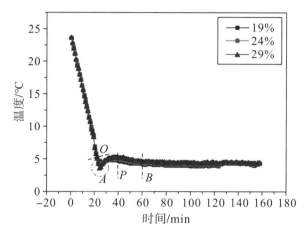

图 2.5　溶液中四氢呋喃水合物形成时的温度随时间变化曲线

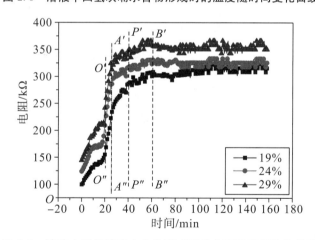

图 2.6　溶液中四氢呋喃水合物形成时的电阻随时间变化曲线

接着温度开始升高，25~40min 的过程中，溶液温度不断升高，温度在 P 点回升到最大值，且电阻也迅速增大，可以判断此时水合物快速大量生成，不断放热，且 29% 的四氢呋喃溶液温度升高幅度最大，24% 的溶液次之，而 19% 的四氢呋喃溶液最小。可以发现浓度越大，水合物生成量和速度越大，单位时间内放热量越多，从而温度的升高幅度越大。40～60min 的过程中，温度逐渐下降，电阻缓慢升高，此时水合物的生成速度较慢，60min 后，溶液温度和电阻基本保持不变，可以判断水合物生成基本结束，最终温度分别保持在 4.2℃、4.1℃ 和4.1℃，略低于相平衡温度，电阻分别保持在 308.8kΩ、318.3kΩ 和 350.4kΩ。

　　孔隙水合物形成时的温度和电阻变化情况如图 2.7 和图 2.8 所示。初始温度和电阻分别为 23.8℃，2.1kΩ、2.74kΩ 和 3.7kΩ。随着温度的降低，电阻值逐渐增大。12min 左右时（O 点），温度的降低速率和电阻值的增长速率都开始逐渐减小，25min 时（A 点）电阻值开始迅速降低而温度的降低速率减小明显。综合分析可以判断水合物的生成从 A 点开始，OA 段温度降低速率减小的主要原因是沉积物传热速率的降低，主要是因为四氢呋喃在温度降低后黏度明显增大，流动性减小，从而电阻的增长速率也减小。另外，A 点的温度为 6.5℃，明显高于溶液中水合物相平衡温度，主要原因是制备地层的骨架材料有促进四氢呋喃水合物生成的作用，例如多孔隙的膨润土[19]。

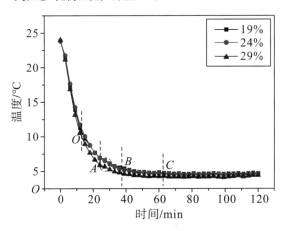

图 2.7　孔隙水合物形成过程的温度变化曲线

　　AB 段电阻值急速减小，温度减小速率降低，表明水合物在迅速生成，此阶段电阻的变化趋势与溶液相反，主要是水合物生成过程中消耗了原本不多的孔隙水，从而使溶液的离子浓度迅速增大而导致电阻迅速降低。孔隙水合物的生成并没有明显的温度升高现象，仅在 29% 的孔隙溶液中有轻微波动（图 2.7 红圈处），主要原因是水合物生成量较少放热量不多，且水浴降温速率较快。BC 段为持续生成阶段，电阻波动剧烈，温度平缓降低。C 点以后温度保持不变，电阻值也较为稳定，只有 29% 的四氢呋喃溶液中电阻值有波动，可以解释为水和四氢呋喃溶质的运移造成，此时水合物的生成基本结束。最终温度保持在 4.3℃ 左右，电阻值分别为 2.65kΩ、2.95kΩ 和 3.96kΩ。

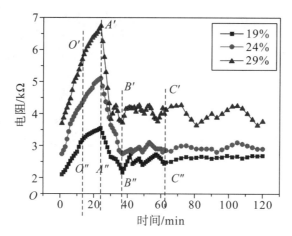

图 2.8 岩心孔隙中四氢呋喃水合物形成时的电阻随时间变化曲线

三、孔隙水合物分解过程孔隙结构动态特性

19%、24%和29%的四氢呋喃溶液形成的孔隙水合物分解前后观测结果如图 2.9 至图 2.11 所示，颜色代表不同的高程。红圈、白圈、黑圈中分别为孔隙中间、颗粒表面和相邻颗粒之间的水合物，逐渐加深的蓝圈区域为孔隙通道，颜色较为均匀的蓝圈区域则为孔隙水水面。

从图 2.9 可以直观地发现，红圈中孔隙填充的水合物在加热后发生分解且十分明显，而白圈中的也有一定量水合物分解，黑圈中分解的水合物的量并不多，水合物的整体饱和度较小。同时，分解后的孔隙水范围也有所增大，分解前后三维图高差下降了 6.9μm，为颗粒表面分解的水合物的厚度。

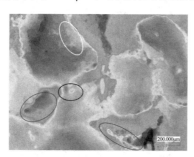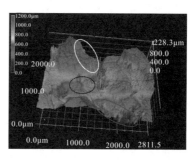

（a）分解前孔隙水合物二维与三维图

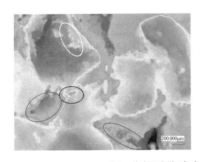 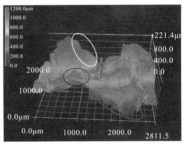

（b）分解后孔隙水合物二维与三维图

图 2.9　19％四氢呋喃溶液形成的孔隙水合物

图 2.10 中水合物饱和度明显大于图 2.9 中，说明随着四氢呋喃溶液浓度的增大，形成的水合物饱和度逐渐增大。可以直观地发现，孔隙中有大量的水合物发生分解，包括孔隙中间、相邻颗粒之间和颗粒表面，如红圈和黑圈所示区域。根据三维图也可以清晰地看出，相邻颗粒之间的高程差在分解后更加明显，表明受热过程中主要是相邻颗粒之间的水合物分解，相对于图 2.9 孔隙中间水合物的分解，图 2.10 中水合物的分解量和程度明显增加，且主要发展到相邻颗粒之间。

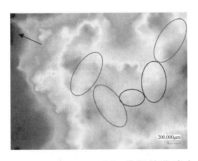 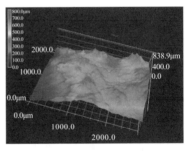

（a）分解前孔隙水合物二维与三维图

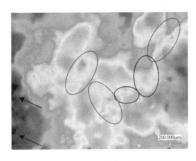 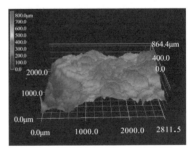

（b）分解后孔隙水合物二维与三维图

图 2.10　24％四氢呋喃溶液形成的孔隙水合物

　　另外，图中蓝色区域也有明显变化。图 2.10（a）箭头所示为流通的孔隙通道，分解发生后则颜色均匀，表明孔隙被堵塞且分解的孔隙水填充到此处未即时运移出去，而堵塞的原因可能是砂颗粒、膨润土运移到此处所致，水合物分解致使黏聚力降低是导致骨架颗粒松动的主要原因。与此相反，图 2.10（b）中箭头所示区域，分解前主要为孔隙水水面，而分解后则出现大量孔隙通道，表明孔隙水合物分解、砂颗粒或膨润土运移到别处，从而形成孔隙。分解前后三维图的高程差为 $25.5\mu m$，大于图 2.9 中的高程差。

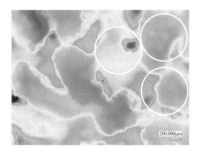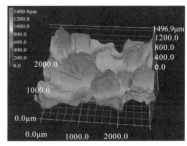

（a）水合物分解前岩心孔隙二维与三维图

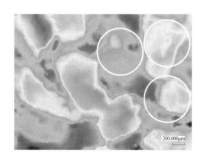

（b）水合物分解后岩心孔隙二维与三维图

图 2.11　29% 四氢呋喃溶液形成的含水合物岩心孔隙

　　图 2.11 中，分解前后三维图高程差为 $396.1\mu m$，远大于图 2.10 中，表明水合物分解量巨大，同时也因观察区颗粒粒径较大，从而形成尺寸较大的孔隙结构，且图 2.11 中水合物的饱和度也更高。图 2.11 中主要为颗粒表面和相邻颗粒之间的水合物大量发生分解，白圈区域在分解前后有明显变化，可以断定颜色变化的主要原因是颗粒表面的水合物分解。分解产生的孔隙水填充到颗粒之间的孔隙中没有迅速运移出去，从而使颗粒之间存有大量孔隙水，导致前后高程差减小。图 2.11（b）没有发现明显的孔隙堵塞和新孔隙形成的现象，主要原因可能是较大的骨架颗粒所形成的孔隙空间和通道较大，难以造成较明显的颗粒运移情况。

参考文献

［1］ 张永超，刘昌岭，吴能友，等. 含水合物沉积物孔隙结构特征与微观渗流模拟研究［J］. 海洋地质前沿，2020，36（9）：23－33.

［2］ 张准. 含水合物沉积物孔隙结构特征与渗流规律研究［D］. 武汉：中国地质大学，2021.

［3］ Ecker C，Dvorkin J，Nur A M. Estimating the amount of gas hydrate and free gas from marine seismic data［J］. Geophysics，2000，65（2）：565－573.

［4］ Guerin G，Goldberg D. Modeling of acoustic wave dissipation in gas hydrate－bearing sediments［J］. Geochemistry，Geophysics，Geosystems，2005，6（7）：Q07010.

［5］ Hu G W，Ye Y G，Zhang J，et al. Acoustic properties of gas hydrate－bearing consolidated sediments and experimental testing of elastic velocity models［J］. Journal of Geophysical Research：Solid Earth，2010，115（B2）.

［6］ Priest J A，Rees E V L，Clayton C R I. Influence of gas hydrate morphology on the seismic velocities of sands［J］. Journal of Geophysical Research：Solid Earth，2009，114（B11）.

［7］ Delli M，Grozic J. Experimental determination of permeability of porous media in the presence of gas hydrates［J］. Journal of Petroleum Science and Engineering，2014，120（8）：1－9.

［8］ Moridis G J，Silpngarmlert S，Reagan M T，et al. Gas production from a cold，stratigraphically－bounded gas hydrate deposit at the Mount Elbert Gas Hydrate Stratigraphic Test Well，Alaska North Slope：Implications of uncertainties［J］. Marine & Petroleum Geology，2011，28（2）：517－534.

［9］ Dai S，Santamarina J C，Waite W F，et al. Hydrate morphology：Physical properties of sands with patchy hydrate saturation［J］. Journal of Geophysical Research：Solid Earth，2012，117（B11）.

［10］ Konno Y，Jin Y，Yoneda J，et al. Effect of methane hydrate morphology on compressional wave velocity of sandy sediments：Analysis of pressure cores obtained in the Eastern Nankai Trough［J］. Marine and Petroleum Geology，2015（66）：425－433.

［11］ Zhao J，Yao L，Song Y，et al. In situ observations by magnetic resonance imaging for formation and dissociation of tetrahydrofuran hydrate in porous media［J］. Magnetic Resonance Imaging，2011，29（2）：281－288.

［12］ Tohidi B，Anderson R，Clennell M B，et al. Visual observation of gas－hydrate formation and dissociation in synthetic porous media by means of glass micromodels［J］. Geology，2001，29（9）：867－870.

［13］ Katsuki D，Ohmura R，Ebinuma T，et al. Methane hydrate crystal growth in a porous medium filled with methane－saturated liquid water［J］. Philosophical Magazine，2007，87（7）：1057－1069.

［14］Chaouachi M，Falenty A，Sell K，et al. Microstructural evolution of gas hydrates in sedimentary matrices observed with synchrotron X－ray computed tomographic microscopy ［J］. Geochemistry，Geophysics，Geosystems，2015，16 (6)：1711－1722.

［15］Stern L A，Kirby S H，Circone S，et al. Scanning electron microscopy investigations of laboratory－grown gas clathrate hydrates formed from melting ice，and comparison to natural hydrates ［J］. American Mineralogist，2004，89 (8－9)：1162－1175.

［16］Sun J Y，Li C F，Hao X L，et al. Study of the surface morphology of gas hydrate ［J］. Journal of Ocean University of China，2020 (19)：331－338.

［17］Zheng M M，Wang X Y，Wei M，et al. Changes in physical properties of hydrate deposit during hydrate formation and dissociation ［C］// IOP Conference Series：Earth and Environmental Science. IOP Publishing，2020，555 (1)：012064.

［18］Leaist D G，Murray J J，Post M L，et al. Enthalpies of decomposition and heat capacities of ethylene oxide and tetrahydrofuran hydrates ［J］. The Journal of Physical Chemistry，1982，86 (21)：4175－4178.

［19］Cha S B，Ouar H，Wildeman T R，et al. A third－surface effect on hydrate formation ［J］. The Journal of Physical Chemistry，1988，92 (23)：6492－6494.

第三章　模拟水合物地层人造岩心

第一节　人造岩心技术研究现状

天然岩心不仅获取技术难度较大，而且作业成本高，利用人造岩心作为代替进行实验研究早已成为一种发展方向，对于油气资源勘探与开发具有重要意义。人造岩心技术在非常规能源领域处于起步阶段，尤其在天然气水合物相关领域，具有重要的支撑作用。

国外人造岩心技术研究起步较早，并取得了一定的成果。Miyazaki 等[1,2]、Hyodo 等、Masui 等[6]、Wu 等[7]利用石英砂、玻璃、硅胶等材料制作人造岩心模拟水合物地层骨架并进行水合物形成与分解实验，进行的含水合物沉积物渗流与力学特征研究，为现场开采提供了理论基础。

国内常规油气领域进行的人造岩心研究已有几十年的历史，技术比较成熟，唐仁骐等[8,9]研制了适用于采油模拟实验的 HNT 和 GM 人造岩心。卢祥国等[10]、梁万林等[11]系统地研究了砂型粒径配比、黏结剂、压力和时间等主要因素对人造岩心物性的影响规律。夏光华等[12]、李芳芳等[13]研究了可满足特殊实验需要的大尺寸人造岩心及制作工艺。此外，王家禄等[14]、郭永伟等[15]、王进安等[16]利用人造岩心定量评价了三元复合驱、天然气驱及二氧化碳驱提高原油采收率的效果。

相比于传统油气领域，国内人造岩心技术在天然气水合物方面的应用研究起步较晚。刘力、郑明明等[21,22]利用人造岩心研究了钻井液侵入含水合物人造岩心孔隙时的物性参数变化。夏晞冉[23]、张新军[24]利用人造填砂模型进行了合成注热与降压开采研究，得出注入热水温度越高，速度越快；降压速度越快，产气量越多。张磊等[25]、颜荣涛等[26]得出水合物赋存模式与饱和度是影响含水合物岩心力学性质的最主要因素。

目前，国内在水合物领域人造岩心应用方面的研究虽然取得了一定的成果，然而仍存在许多问题，如：①人造岩心的物性参数与模拟地层的相近程度不高，易导致与实际水合物地层有较大差异，进而影响后续的实验结果可靠性[27,28]；②研究停留在宏观尺度，缺少微观孔隙、制备工艺和宏观物性的相关性研究；③岩心长度较小、孔隙均匀性不高，难以满足特殊研究的需求等。

第二节　人造岩心制备工艺

常用的三种人造岩心制备工艺中，石英砂充填岩心渗透率较大，主要用于模拟研究中高渗砂岩油层，无胶结剂致使力学强度偏低，孔隙结构与天然岩心差别较大[29]；石英砂磷酸铝烧制胶结岩心加压后需高温烘干，制作工艺复杂，可重复性较低[8,9]；石英砂环氧树脂压制胶结岩心的制作方法简单易操作，实验重复性高，低温下机械强度较高且渗透率值可调节范围广，岩心的孔隙结构与天然岩心相似。利用人造岩心模拟水合物地层骨架时，石英砂充填岩心可模拟海洋沉积物骨架，石英砂环氧树脂压制胶结岩心可用于海洋水合物和冻土水合物地层骨架的模拟。本章选取冻土区水合物地层为研究对象，选用石英砂环氧树脂压制胶结岩心。

一、人造岩心制备仪器与材料选择

（一）制备仪器介绍

人造岩心的制备选用人造岩心压制仪（海安发达石油仪器科技有限公司），工作原理与结构如图 3.1 和图 3.2 所示。此装置主要由岩心模具、动/定加压头、电动机、电磁压力表、工作台和电气控制系统组成。工作电压 380V，最高压实压力 50MPa。压力通过油压管线传递至电磁压力表，从而控制最大加压压力。岩心模具由两个半合管组成，内径 50mm，长 900mm，可制作直径 50mm、长度 0~900mm 的人造岩心。

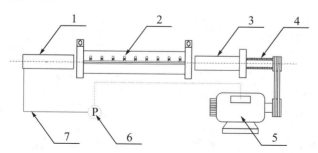

图 3.1　人造岩心压制仪示意图

1—定加压堵头；2—岩心筒；3—动加压堵头；4—螺纹；
5—电动机；6—电磁压力表；7—油压管线

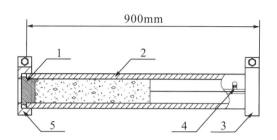

图 3.2　岩心模具与装砂方法示意图

1—填砂堵头；2—岩心筒；3—卡箍；4—螺丝；5—台阶卡箍

（二）材料选择

为了使制备的人造岩心贴近实际水合物地层骨架，在骨架材料、颗粒黏结物和主要矿物的选择上尽量贴近天然岩心。通过对比天然石英砂颗粒（上海宏派金属材料有限公司）与人造石英砂颗粒（上海宏派金属材料有限公司）的形态可以发现，天然石英砂因形成过程中长期受自然外力的磨损、侵蚀，其形态更接近于圆球，且磨圆度更好；而人造石英砂颗粒棱角较多，磨圆度较差，部分颗粒呈棱柱状，如图 3.3 和图 3.4 所示，因而选择磨圆度较好的天然石英砂作为制作人造岩心的骨架材料。

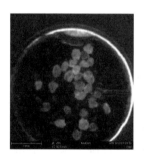

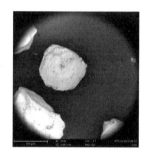

图 3.3　天然石英砂颗粒

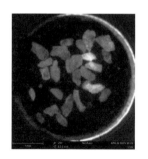
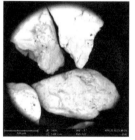
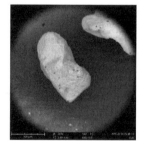

图 3.4　人造石英砂颗粒

黏结剂选择环氧值中等、低温条件下强度较好的环氧树脂 E－44（6101）

（岳阳石油化工总厂岳化有机化工厂）[11]和对应的固化剂聚酰胺树脂（低分子650）（江西宜春金诚化工厂）。为了调节岩心的渗透率、孔隙率和亲水性以及作为矿物成分的主要来源，还添加一定量的膨润土，相比于钙基膨润土，钠基膨润土（武汉地网非开挖科技有限公司）的吸水性、黏度、润滑性和热稳定性更好，如图3.5所示。此外，钠基膨润土还能明显降低砂料与岩心模具内壁的摩擦力，在制备较长岩心时可以获得更好的均匀压实效果。

图 3.5 聚酰胺树脂、环氧树脂和钠基膨润土

二、人造岩心制备流程

通过环氧树脂胶结石英砂颗粒，采用控温压制法制备人造岩心。方法简单快捷，工艺灵活多变，具有较高的可重复性，且可使岩心的孔隙结构与天然岩心更为接近，成本低廉。具体制备流程如下。

（一）材料准备

将天然石英砂用样品筛按照不同粒径筛分放置。计算单根岩心所需的不同粒径的石英砂质量，然后按配比均匀混合配制成基砂，并将基砂、膨润土、环氧树脂、聚酰胺树脂、混合搅拌器皿分别放置于35℃的恒温箱中保温10min，以保证环氧树脂和聚酰胺树脂具有良好的流动性。

（二）砂料制作

将基砂分成三份：一份随着搅拌器皿一起放置于电子天平上并归零，然后缓慢倒入环氧树脂至所需质量。接着均匀撒上第二份石英砂盖住环氧树脂，将天平归零，用同样的方法加入与环氧树脂同等质量的聚酰胺树脂。然后撒上第三份基砂，尽量使黏结剂在搅拌的过程中接触混合且不与搅拌器接触，搅拌5min使黏结剂均匀包裹于石英砂颗粒表面，然后边搅拌边缓慢加入膨润土，均匀搅拌使细小的膨润土颗粒充分黏附在砂粒颗粒表面。

（三）岩心压制

将两个半合管内壁用少量膨润土擦拭以减小摩擦力，合体后安上填砂堵头并用卡箍拧紧，之后将筒体拧紧。装好后，将岩心筒立起，填入砂料的 1/2，用木棒冲实后再加入剩下的砂料，将填好砂的岩心筒水平放置在岩心压制仪上。设定停止压力，启动电机，进行轴向加压，过程中可适当调节岩心筒下托架的调节螺丝使其处于同一轴线上，根据需要保持所需的加压时间。当欲制作的岩心长度较大且一次加压很难保证均匀压实时，可采用多次装料多次加压以保证均匀压实。

（四）取心养护

取下岩心筒水平放置在工作台上，用橡胶槌轻敲筒体使岩心表面与筒体内表面分离，打开岩心筒半合管，用橡胶槌轻敲岩心棒，然后将岩心缓慢推出，用平板承接后水平放入 30℃的恒温箱中养护 72h 使黏结剂充分固结，制备的岩心如图 3.6 所示。

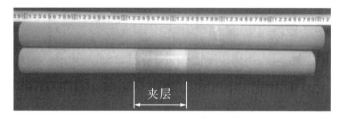

（a）均匀长岩心（上）与含膨润土夹层长岩心（下）

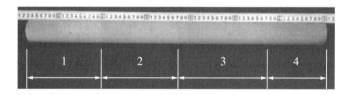

（b）多级物性参数岩心

图 3.6　人造长岩心实物图

三、制备工艺对岩心孔隙分布的影响

岩心制备过程中，砂料的充分搅拌、双向加压以及分次装料多次压实等方法对岩心均匀性的影响至关重要，尤其是在制作长岩心的过程中。实验中利用 GE Lightspeed Plus CT 扫描仪（美国通用电气公司）测试了不同工艺制作的岩心轴向孔隙率分布，如图 3.7 所示。图 3.7（a）显示了制作过程中因砂料的搅拌不均匀，导致黏结剂堆积而造成的局部位置孔隙率过小现象。图 3.7（b）显示了单次填料单次加压下造成的孔隙率分布极不均匀现象，两端孔隙率较小，而中间孔隙率较大。图 3.7（c）表明，一端用加压堵头加压而另一端用填砂堵头的情况下，易造成加压端岩心孔隙率过小，分布不均。图 3.7（d）中砂料充分搅拌、双向加压、分次装料、多次压实，岩心孔隙分布情况最为理想。

（a）砂料搅拌不充分

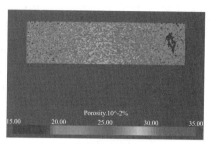
（b）单次填料加压

（c）单向加压

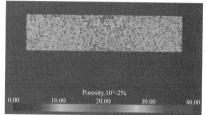
（d）搅拌充分、多次填料、双向加压

图 3.7　不同制备工艺下岩心轴向孔隙率分布

第三节　人造岩心均匀性评价

一、人造岩心均匀性评价方法

一般情况下，所制作的岩心越长，其轴向孔隙均匀性越难以把握。而岩心轴向孔隙率分布不均容易造成后续实验中形成的水合物分布不均，对实验的测试和分析，如孔隙率计算，温度、压力和电阻率测量及变化规律分析等的可靠性和准确性有较大影响，严重影响实验结果的准确性和可靠性。因此在制作岩心，尤其是制作长岩心的过程中，应该严格控制岩心的轴向孔隙均匀性。前面章节已经从制备工艺角度对 60cm 左右长岩心均匀性进行了初步评价，本节将对不同长度岩心的孔隙均匀性进行定量评价。

（一）实验主要仪器与材料

孔隙均匀性评价仪器主要包括 PoreMaster 33 岩石压汞仪（美国康塔仪器公司）和 GE Lightspeed Plus CT 扫描仪（美国通用电气公司）。其中，PoreMaster 33 岩石压汞仪是用于测量岩石孔隙特性的精密仪器，通过低压或高压使汞进入岩石孔隙，可以实时测量过程中进入岩石孔隙的汞体积、孔隙尺寸和压力变化，通过计算可以得出岩石渗透率、孔隙率、孔隙尺寸分布、孔喉比等参数。测量孔隙的尺寸范围为 $0.0070 \sim 1000 \mu m$，孔隙大于 $7 \mu m$ 时，使用低压测量（$1.5 \sim 350.0$ kPa），孔隙小于 $7 \mu m$ 时，使用高压测量（140 kPa $\sim$ 231 MPa），样品最大尺寸为 25 mm × 25 mm，工作环境温度为 15℃ $\sim$ 40℃。评价过程中所需要的耗材主要是压汞仪测试过程中消耗的汞。

（二）岩心均匀性评价

为定量评价不同长度岩心的孔隙均匀性和分析岩心长度的影响，用同一配方制作长度依次从 10 cm 到 80 cm 不等的 8 根岩心，基砂的粒径级配曲线如图 3.8 所示，岩心配方见表 3.1。分别测试岩心密度，利用压汞仪测试岩心样品渗透率，并利用 CT 扫描仪以 1.25 mm 的扫描层厚，5 mm 的扫描层间隔，来测量 80 cm 级长岩心的截面孔隙率。

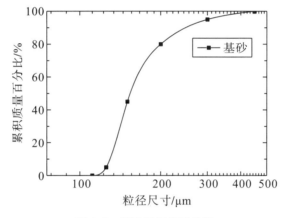

图 3.8　基砂粒径级配曲线

表 3.1　人造岩心配方

基砂	膨润土/基砂/（g/g）	黏结剂/基砂/（g/g）	压力/MPa	时间/min
A	38.00/360	14.00/360	10	40

二、人造岩心均匀性分析

岩心长度、密度和渗透率数据如表 3.2 所示，单根岩心孔隙率的分布如图 3.9 所示。

表 3.2 不同长度岩心的密度与渗透率

编号	长度/cm	质量/g	密度/（g/cm³）	渗透率/（×10⁻³μm²）
1	10.10	398.57	2.010	1150.98
2	19.95	786.57	2.008	1154.06
3	30.21	1190.5	2.007	1165.22
4	40.15	1580.31	2.005	1178.03
5	50.05	1967.42	2.002	1171.06
6	60.32	2368.76	2.000	1180.40
7	70.25	2756.23	1.998	1175.51
8	80.33	3147.61	1.996	1188.58

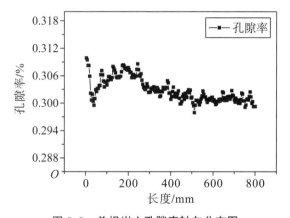

图 3.9 单根岩心孔隙率轴向分布图

由表 3.2 可知，8 根岩心的长度介于 10.10~80.33cm，密度介于 1.996~2.010g/cm³，渗透率介于 1150.98×10⁻³~1188.58×10⁻³ μm²。随着岩心长度的增加，密度逐渐减小，而渗透率趋于增大，但岩心密度与渗透率值变化幅度皆较小，浮动范围分别为 0.50% 和 2.49%。CT 扫描得出的岩心孔隙率分布如图 3.9 所示，80.33cm 长岩心的孔隙率范围介于 29.8%~31.0%，浮动范围在 3.3% 以内。

第四节　水合物地层骨架渗透与孔隙性质模拟

一般采用石英砂、硅胶[35]、玻璃[36]、活性炭[37] 等材料通过充填、压制胶结和烧制等方法模拟水合物地层骨架，对渗透与孔隙性质的模拟主要通过渗透率和孔隙率两个参数进行。目前，对海洋含水合物沉积物地层骨架的模拟研究较多，而对冻土区水合物地层骨架的模拟研究较为匮乏。本节利用压制胶结法制备人造岩心，对冻土区水合物地层骨架的渗透率和孔隙率参数进行模拟和对比。

一、实验仪器与材料

人造岩心的制备改用 2.5cm 小直径岩心压制机（现代石油科技发展有限公司），渗透率测试采用氮气体渗透率测定仪（现代石油科技发展有限公司），孔隙率测试采用 PoreMaster 33 岩石压汞仪（美国康塔仪器公司），微观孔隙结构的观测通过 Phenom Pro 台式扫描电子显微镜（荷兰飞纳世界公司）实现。实验材料与前述章节相同。其中，Phenom Pro 台式扫描电子显微镜主要由真空测试腔、样品杯、光学与电子成像系统、控制器以及数据采集与处理系统组成。可以在真空条件下对干燥且无粉末的样品进行光学放大和电子成像观测，最大放大倍数达 130000，分辨率达 14nm，最大样品尺寸为直径 25mm，高 5mm。具体参数如表 3.3 所示。

表 3.3　Phenom Pro 台式扫描电子显微镜主要参数

参数	值
光学显微镜放大倍数	20~135
电镜放大倍数	130000
分辨率/nm	14
加速电压/kV	5~15
探测器	背散射电子探测器
抽真空时间/s	<15
最大样品尺寸/mm	直径 25，高 5
控温范围/℃	25~50

二、目标地层的选择与模拟方案

（一）目标地层选择

迄今，通过勘查取样发现的冻土区水合物主要分布于西伯利亚地区[38]、美国阿拉斯加北部斜坡[39]、加拿大马更些三角洲[40]、中国青海祁连山和南海。阿拉斯加北部斜坡 Mount Elbert 水合物井是研究热点 Milne 区中水合物地层最厚和延伸面积最大的井位[43,44]，是阿拉斯加北坡天然气水合物地震分析和井下物探数据的首个调查点[45]，其取心深度为 589.7～743.3m，穿越了萨加万纳克托克组（Sagavanirktok）的古新世和始新世地层，测井质量较高，岩心数据丰富。本节选取水合物饱和度最大为 62.4% 的 Unit C-GH1 井段地层为模拟对象，井段地层基本物性参数及矿物组成如表 3.4 所示。

表 3.4　Unit C-GH1 井段地层基本物性参数与矿物组成[46]

井段地层参数	数值	主要矿物	含量（w）/%
井段深度/m	649.8～660.8	绿泥石	6
孔隙率/%	35.6	高岭石	1
渗透率/（×$10^{-3}\mu m^2$）	675.0	伊利石	7
密度/（g/cm³）	2.01	石英	73
砂（v）/%	48.35	K 晶石	1
粉砂（v）/%	44.40	黄铁矿	1
黏土（v）/%	7.25	长石	10
样品中间深度/m	658.46	其他	1

（二）试验设计

渗透性是水合物地层开采过程中的基础参数之一，故将岩心渗透率作为考查的首要指标。根据现有研究，影响人造岩心渗透率的主要因素有石英砂粒径配比，黏结剂和膨润土用量，压力大小以及加压时间等。首先设计 $L_{32}(2^{31})$ 正交试验判断各因素间交互作用的显著性，从而用于指导后续试验设计。$L_{32}(2^{31})$ 正交试验的因素、水平设置以及砂型配比见表 3.5 和图 3.10。

表 3.5　$L_{32}(2^{31})$ 正交试验因素与水平

水平	基砂	膨润土/基砂/（g/g）	黏结剂/基砂/（g/g）	压力/MPa	时间/min
1	A	4.30/40	1.60/40	10	20
2	B	6.00/40	2.16/40	15	40

注：黏结剂的量为环氧树脂和聚酰胺树脂（1:1）量之和。

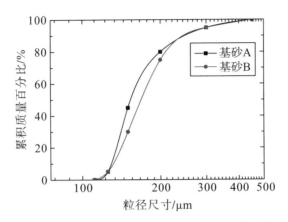

图 3.10　$L_{32}(2^{31})$ 正交试验基砂 A、B 的粒径级配曲线

在 $L_{32}(2^{31})$ 正交试验分析得出的因素间交互作用显著性、各因素对渗透率影响显著性的基础上，筛选因素和确定水平，设计 $L_9(3^4)$ 正交试验进一步考查因素的影响和进行最优配方优选。

表 3.6　$L_9(3^4)$ 正交试验因素与水平

水平	膨润土/基砂/（g/g）	黏结剂/基砂/（g/g）	压力/MPa	时间/min
1	3.00/40	1.00/40	5	20
2	4.50/40	1.60/40	10	40
3	6.00/40	2.20/40	15	60

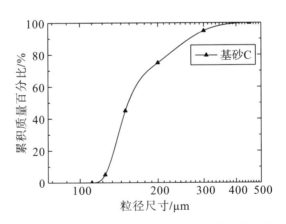

图 3.11　$L_9(3^4)$ 正交试验基砂 C 的粒径级配曲线

（三）实验步骤

$L_{32}(2^{31})$ 与 $L_9(3^4)$ 正交试验均在 25℃ 的室温环境下进行，人造岩心压制实验所用模具内径 25mm，内深 60mm。岩心预制长度设为 45mm，密度按 2.0 g/cm^{3}计，计算出单个岩样所用基砂量为 40g。

岩心制备方法与前述章节类似，先配制均匀混合的基砂，然后将环氧树脂和聚酰胺树脂加热到 35℃以保证其流动性，再分别逐量加入基砂中，搅拌 5min 使树脂充分覆膜于石英颗粒表面，接着在搅拌的过程中缓慢加入膨润土，继而将搅拌充分的石英砂料装入模具中进行双向加压至所需时间后取心，加压过程中应使压头端面与岩心轴线垂直。将压制好的岩心竖直放入 30℃的恒温箱中养护 72h 以使黏结剂充分固化，然后编号并装入样品袋中密封备用。

分别制作 3 组 $L_{32}(2^{31})$ 和 $L_9(3^4)$ 正交试验人造岩心，如图 3.12 和图 3.13 所示。利用气体渗透率测定仪，以氮气为介质，测量岩心渗透率后计算平均值。选取渗透率与平均值最为接近的岩心进行制样并通过压汞仪测试孔隙率。

图 3.12　$L_{32}(2^{31})$ 正交试验人造岩心

图 3.13　$L_9(3^4)$ 正交试验人造岩心

岩心孔隙结构观测试验在 25℃室温条件下进行。将待测样品制成小样，使尺寸满足扫描电子显微镜测试要求，过程中尽量避免对岩心新鲜断面的污染。通过计算机控制抽取真空，然后利用光学与电子成像系统观测岩心微观孔隙结构，存储所需图像。

三、最优人造岩心配方优选

（一）$L_{32}(2^{31})$ 正交试验因素对岩心物性的影响规律

$L_{32}(2^{31})$ 正交试验中岩心渗透率如表 3.7 所示，试验结果分析见表 3.8。正交试验中，因素和交互作用部分由 31 列组成，表 3.8 中只给出了五因素与两个最大交互作用的极差值，其他省略的部分可通过查询 $L_{32}(2^{31})$ 标准正交表获知。

表 3.7 $L_{32}(2^{31})$ 正交试验岩心渗透率

岩心编号	渗透率 $k/(\times 10^{-3}\mu m^2)$	岩心编号	渗透率 $k/(\times 10^{-3}\mu m^2)$
1	1508.11	17	1101.68
2	1114.96	18	1038.91
3	1078.86	19	737.52
4	689.82	20	680.01
5	1233.16	21	1019.79
6	952.56	22	950.31
7	976.26	23	703.53
8	514.99	24	470.26
9	902.61	25	786.29
10	876.25	26	560.20
11	691.01	27	364.57
12	501.91	28	336.84
13	832.05	29	577.89
14	656.31	30	379.51
15	531.63	31	235.12
16	464.48	32	228.53

表 3.8 $L_{32}(2^{31})$ 正交试验结果分析

岩心编号	因素和交互作用								渗透率 k $/(\times 10^{-3}\mu m^2)$
	a	b	c	d	e	ae	abe	…	
1	1	1	1	1	1	1	1	…	1508.11
2	1	1	1	1	2	2	2	…	1114.96

续表3.8

岩心编号	因素和交互作用								渗透率 k /（$\times 10^{-3}\mu m^2$）
	a	b	c	d	e	ae	abe	$\cdots$	
$\vdots$	$\vdots$	$\vdots$	$\vdots$	$\vdots$	$\vdots$	$\vdots$	$\vdots$	$\vdots$	$\vdots$
31	2	2	2	2	1	2	1	$\cdots$	235.12
32	2	2	2	2	2	1	2	$\cdots$	228.53
渗透率 k_1	422.66	461.59	405.30	452.83	415.00	387.45	387.46	$\cdots$	
k_2	317.84	278.91	335.20	287.67	325.50	353.05	353.04	$\cdots$	
R	104.82	182.68	70.10	165.16	89.50	34.40	34.42	$\cdots$	

注：k_{ij} 等于第 j 列上 i 水平的各试验结果之和除以水平个数；R_j（极差）$= \max\{k_{ij}\} - \min\{k_{ij}\}$。因素和交互作用中，a、b、c、d 和 e 依次为因素砂型、膨润土、黏结剂、压力和时间，ae 为砂型和时间的交互作用，abe 为砂型、膨润土和时间的交互作用。

由表3.8可知，五因素对渗透率影响的极差值 R 依次为 104.82，182.68，70.10，165.16 和 89.50，从而可知因素对渗透率影响的主次顺序依次为膨润土＞压力＞砂型＞时间＞黏结剂。五因素之间交互作用的极差最大值为 34.42，远小于单因素中最小的黏结剂的极差值 70.10，因此在 $L_{32}(2^{31})$ 正交试验中，因素之间的各级交互作用对渗透率的影响并不显著，分析因素对渗透率的影响时可忽略因素间交互作用的影响。

另外，$L_{32}(2^{31})$ 正交试验中，两种砂型的中砂粒径主要集中于 $125\sim200\mu m$，最主要区别为粒径在 $125\sim150\mu m$ 之间的石英砂含量，而研究证明，粒径为 $74\sim150\mu m$ 的砂粒含量对砂岩人造岩心渗透率的影响较小[50]，而 $L_{32}(2^{31})$ 正交试验中砂型对渗透率的影响也并不明显，且欲模拟地层的粒径主要位于 $100\sim200\mu m$ 区间。后续的正交试验中，应根据冻土区水合物地层测井资料和岩心分析数据调整人造岩心粒径配比使其更接近实际情况，在此基础上可以去掉砂型这一因素。

（二）$L_9(3^4)$ 正交试验因素对岩心物性的影响规律

为进一步分析因素对人造岩心渗透率和孔隙率的影响，精准模拟实际水合物地层骨架和优选最优人造岩心配方，进行 $L_9(3^4)$ 正交试验，结果如表3.9所示。对于渗透率，四因素（膨润土 A、黏结剂 B、压力 C 和时间 D）的极差值 R 依次为 587.51，256.06，524.35，297.71，即 $R_A > R_C > R_D > R_B$，因此四因素对渗透率影响的主次顺序依次为膨润土＞压力＞时间＞黏结剂。从而可知，膨润土和压力对渗透率的影响较为显著，而时间和黏结剂的影响相对较小。

表 3.9　$L_9(3^4)$ 正交试验结果分析

岩心编号		主要影响因素				目标值	
		A	B	C	D	渗透率 / ($\times 10^{-3} \mu m^2$)	孔隙率/%
1		1	1	1	1	1544.42	34.03
2		1	2	2	2	929.69	30.96
3		1	3	3	3	466.30	25.63
4		2	1	2	3	688.53	32.14
5		2	2	3	1	572.47	29.36
6		2	3	1	2	819.68	30.62
7		3	1	3	2	250.45	26.81
8		3	2	1	3	498.18	30.44
9		3	3	2	1	429.25	29.04
渗透率	k_1	980.14	827.80	954.09	848.71		
	k_2	693.56	666.78	682.49	666.61		
	k_3	392.63	571.74	429.74	551.00		
	R	587.51	256.06	524.35	297.71		
孔隙率	k_1	30.21	30.99	31.70	30.81		
	k_2	30.71	30.25	30.71	29.46		
	k_3	28.76	28.43	27.27	29.40		
	R	1.95	2.56	4.43	1.41		

注：k_{ij} 等于第 j 列上 i 水平的各试验结果之和除以水平个数；R_j（极差）$= \max\{k_{ij}\} - \min\{k_{ij}\}$。主要影响因素 A、B、C、D 依次为膨润土、黏结剂、压力和时间。

相比于 $L_{32}(2^{31})$ 正交试验，$L_9(3^4)$ 正交试验中各因素对渗透率影响的主次顺序有一定变化，结合前人研究可以得知，不同砂型中各因素对渗透率的影响情况不同，甚至会改变主次顺序。对于孔隙率，四因素的极差值 R 依次为 1.95，2.56，4.43，1.41，即 $R_C > R_B > R_A > R_D$，因此四因素对孔隙率影响的主次顺序依次为压力＞黏结剂＞膨润土＞时间。压力对孔隙率的影响最为显著，黏结剂次之，而膨润土和时间的影响相对较小，四因素对目标值渗透率和孔隙率的影响趋势如图 3.14 所示。

由表 3.9 和图 3.14 可知，岩心渗透率与孔隙率值的范围分别为 $250.45 \times 10^{-3} \sim 1544.42 \times 10^{-3} \mu m^2$ 和 $25.63\% \sim 34.03\%$，而欲模拟地层的渗透率和孔隙率分别为 $675 \times 10^{-3} \mu m^2$ 和 35.6%。因此，岩心孔隙率值越大越好，较优水平分别

为 A_2、B_1、C_1 和 D_1。而渗透率目标值在正交岩心组渗透率值的范围内，难以直观地判断较优水平。分别按主次因素进行取水平分析可知，压力对孔、渗的影响皆较大，C_1 时渗透率过大，C_3 时则孔隙率过小，而取 C_2 时孔渗值比较理想；膨润土水平取 A_2 时孔隙率最大，同时渗透率接近模拟值，水平较为理想；时间取水平 D_1 时渗透率过大，D_2、D_3 时孔隙率非常接近，对应的黏结剂水平分别应为 B_2、B_1。因此可以得出两个较优配方 $A_2B_1C_2D_3$ 和 $A_2B_2C_2D_2$。$A_2B_1C_2D_3$ 为 4 号岩心，而 $A_2B_2C_2D_2$ 不在正交组岩心中，制作后测量得出岩心孔渗值为 $677.50\times 10^{-3}\mu m$ 和 31.85%，与目标值较为接近。

进一步比较两个配方岩心的力学强度，$-4℃$ 时 $A_2B_2C_2D_2$ 与 $A_2B_1C_2D_3$ 的单轴抗压强度分别为 $7.16MPa$ 和 $5.85MPa$，$A_2B_2C_2D_2$ 的抗压强度值不在 $2\sim7MPa$ 的范围内。从而可得 $A_2B_1C_2D_3$ 为最优岩心配方（$688.53\times 10^{-3}\mu m^2$、$32.14\%$、$5.85MPa$ 和 $2.0g/cm^3$）。根据压汞实验测得的岩心孔隙分布如图 3.15 所示，从图中可以看出孔隙呈正态分布，与天然岩心孔隙的分布特征一致。

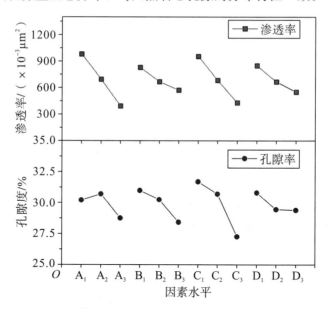

图 3.14 岩心渗透率与孔隙率随因素水平变化趋势图
A—膨润土；B—黏结剂；C—压力；D—时间

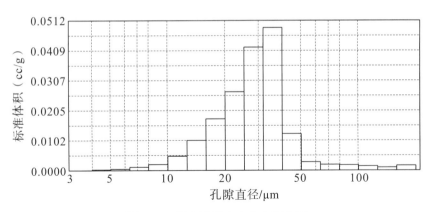

图 3.15　岩心孔径大小分布直方图

四、主要因素对孔隙结构的影响机理

（一）人造岩心孔隙结构特征

人造岩心中膨润土、石英砂颗粒和黏结剂的微观结构如图 3.16 和图 3.17 所示。图 3.16 为纯膨润土压制的人造岩心微观结构，右图为左图中红色方框区域的放大。由图可知，膨润土孔隙极其细密，微观性状主要为细小的片状（红圈部分）和球状（蓝圈部分），整个图像显现亮白色，局部亮度较高。同时，图 3.17 显示了过饱和黏结剂与石英砂颗粒混合压制的人造岩心微观结构，石英砂颗粒呈现亮白色，表面相对光滑，黏结剂呈现暗黑色，亮度较低，表面有类似气泡状小孔，且黏结剂包裹在石英砂颗粒表面和填充在石英砂颗粒的孔隙之间。

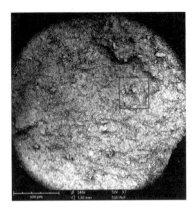
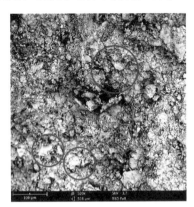

图 3.16　膨润土微观结构

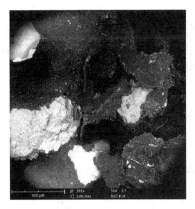 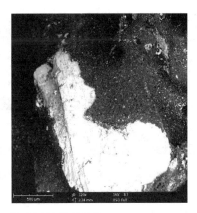

图 3.17 黏结剂与石英砂颗粒微观结构

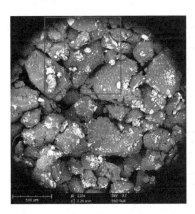 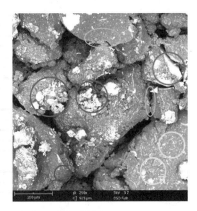

图 3.18 最优配方人造岩心孔隙结构

图 3.18 为最优配方人造岩心的孔隙结构图。同样，右图为左图红色方框区域的放大。由左图可知，岩心的石英砂颗粒级配良好，孔隙分布较为均匀。由图 3.16 和图 3.17 中对膨润土、黏结剂和石英砂颗粒的成像特征可以发现，绿色圈中白色部分为石英砂颗粒，紫色圈部分主要为暗黑色，主要为黏结剂，并均匀地包裹在石英砂颗粒表面。而蓝色圈部分呈白球状，主要为膨润土，附着在黏结剂的表面。图中大面积呈现如黄圈所示部分，灰度较膨润土暗，而较黏结剂亮，为膨润土和黏结剂的混合体，均匀地包裹在石英砂颗粒表面。石英砂颗粒主要通过黏结剂和膨润土的混合物进行胶结，如椭圆形橙色圈所示，而孔隙中也有一定量膨润土和黏结剂存在，但量要小得多。

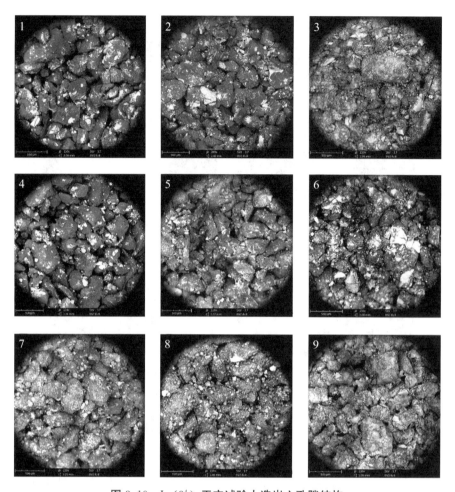

图 3.19 L$_9$(3^4) 正交试验人造岩心孔隙结构

图 3.19 显示了 L$_9$(3^4) 正交试验人造岩心的孔隙结构，由图可知，随着岩心配方的不同，岩心孔隙微观结构图有明显的不同。膨润土和压力对岩心的渗透性大小影响较为明显，而时间和黏结剂含量对渗透性大小的影响相对较小。1～9号岩心，膨润土含量逐渐增加，从图中可以明显地发现，随着膨润土含量的增加，图中白色区域也不断增多，膨润土先是附着在石英颗粒表面，随着含量的增加逐渐向喉道和孔隙中填充，致使孔隙空间逐渐减小，导致孔隙率和渗透率减小。压力对孔隙结构的影响在图 3.19 中也较为明显，例如 1～3 号岩心的膨润土含量相同，压力逐渐增大，从图中可以很明显地发现岩心的孔隙尺寸随压力的增大而逐渐减小，且黏结剂和膨润土向孔隙空间中填充，因此导致了孔隙率和渗透率的逐渐减小。黏结剂对岩心孔隙的影响机理与膨润土相似，时间对岩心的孔隙率和渗透率影响较小，主要表现在使压力的作用效果更加明显，在图 3.18 中易

受主要因素膨润土和压力的影响，很难直观地观察出来，若要清晰地观察时间对孔隙的影响，则需要采用控制变法量法制作岩心来观察。

（二）因素对岩心孔隙和物性参数的影响

黏结剂和膨润土在搅拌的过程中分别均匀地附着在石英颗粒表面，颗粒之间通过黏结和膨润土在压力压实下紧密地排列在一起，经过一段时间固化后形成具有一定孔隙和强度的岩心。众所周知，岩心内部空间主要分为孔隙和喉道，孔隙大小主要影响岩心的孔隙率，而喉道是连通孔隙的通道，喉道直径大小则主要影响岩心的渗透率。

在所选取的水平范围内，随着膨润土含量的增加，渗透率减小，孔隙率则先增大后减小。这一过程主要分为两个阶段：第一阶段，膨润土主要通过附着在颗粒表面，一定程度上增加了石英颗粒粒径，致使孔隙体积增大，因而孔隙率增大，而喉道处的膨润土减小了流动通道面积，从而使渗透率降低。第二阶段，膨润土主要趋向于分布在孔隙和喉道处，因而孔隙率和渗透率都减小，如图 3.20 所示。

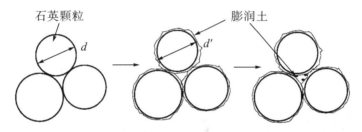

图 3.20　膨润土对岩心孔隙的影响

黏结剂对岩心孔隙的影响与膨润土类似，同样是包裹在石英颗粒表面，随着黏结剂的增加，渗透率与孔隙率都减小。这一过程中随着黏结剂量的增加，起颗粒黏结作用的黏结剂逐渐缓慢向孔隙和喉道中填充，减小了孔隙体积与喉道直径，从而降低了岩心的孔隙率和渗透率。

随着压力的增加，渗透率与孔隙率都减小，且减小的速率快于其他因素，主要是因为随着压力的增加，颗粒之间的距离明显减小，排列更加紧密，减小了孔隙体积和喉道直径，因此造成渗透率和孔隙率的减小。岩心后半部分孔隙率减小速率略有增加，主要是因为颗粒间排列更加紧密的同时，表面的膨润土和黏结剂因挤压向孔隙中产生一定程度的蠕动，使岩心内部排列更加紧密的同时也填充了部分孔隙，如图 3.21 所示。

石英颗粒　　　膨润土　　　膨润土蠕动

加压　　加压

图 3.21　压力对岩心孔隙的影响

时间对渗透率和孔隙率的影响相对较小。随着加压时间的增加，压力的压实作用表现得更加充分，颗粒间的距离随时间的增加而逐渐减小，颗粒表面的黏结剂和膨润土的蠕动也更加充分，从而使渗透率和孔隙率不断减小。

（三）孔隙参数与工艺参数及物性参数的定量关系

孔隙直径、喉道直径、孔喉比是重要的微观孔隙参数，而平均孔喉尺寸的不同势必会造成渗透率和孔隙率的变化。在两组正交试验的基础上，制备不同配方的人造岩心，进行了 SEM 图像观测，通过南京大学开发的颗粒（孔隙）与裂隙分析系统软件（Particles Pores）及 Cracks Analysis System（PCAS）分析和处理扫描电子显微镜成像图（过程如图 3.22 所示），提取的岩心主要微观孔隙参数如图 3.23 和表 3.10 所示，并辅以压汞试验，对孔隙直径、喉道直径、孔喉比与膨润土、黏结剂、压力、时间以及与渗透率、孔隙率的定量关系进行了分析，结果如图 3.24 和图 3.25 所示。

（a）人造岩心孔隙 SEM 图　　（b）二值图　　（c）孔隙中轴分布图

图 3.22　人造岩心 SEM 图像处理与孔隙分析过程

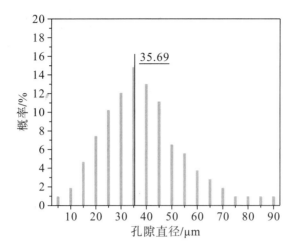

图 3.23　人造岩心中孔隙分布

表 3.10　人造岩心孔隙参数

孔隙个数	总孔隙面积/μm²	平均孔隙面积/μm²	平均孔隙直径/μm	平均喉道直径/μm	孔喉比	孔隙率	概率熵
153	6.13×10⁵	4.0×10³	35.69	11.85	3.01	35.46%	0.9531

注：孔喉比为平均孔隙直径与平均喉道直径的比值。

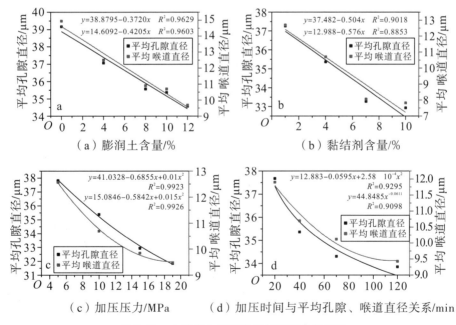

图 3.24　人造岩心工艺参数与孔喉参数关系

通过一元一次和一元二次多项式拟合得出了岩心制作工艺参数与平均孔喉直径间的函数关系，其中时间与平均孔隙直径通过 $y = ax^b$ 模型进行定量化表征，以提高其相关性。由拟合结果可知，随着工艺参数取值的增大，岩心的孔隙直径与喉道直径都减小，4 个工艺参数与岩心平均孔隙直径、喉道直径之间的相关系数 R 都在 0.94 以上（$R^2 > 0.8836$），表现出强烈的负相关性。

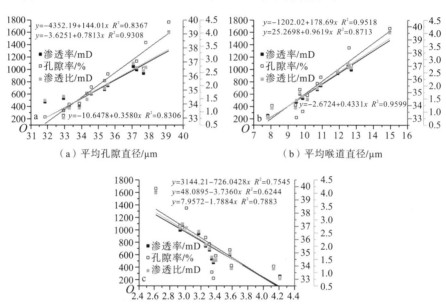

（a）平均孔隙直径/μm   （b）平均喉道直径/μm

（c）孔喉比与渗透率、孔隙率和渗孔比的关系

图 3.25　人造岩心宏观物性参数与孔喉参数关系

与此同时，对人造岩心的渗透率、孔隙率等宏观物性参数与平均孔隙直径、平均喉道直径、孔喉比等微观孔隙参数进行函数拟合，结果如图 3.25 所示，渗透率和孔隙率随着孔隙直径与喉道直径的变化而发生明显变化，且呈良好的正线性相关性。而随着孔喉比的增大，渗透率、孔隙率以及二者比值都逐渐减小，呈负相关性。在图 3.25（a）中，根据相关系数 R 和决定系数 R^2 可知，孔隙直径与孔隙率的相关性明显大于孔隙直径与渗透率的相关性，且大于孔隙直径与渗孔比的相关性，表明岩心微观孔隙参数中的孔隙直径与宏观物性中的孔隙率的相关性最高，且关系最为密切。因孔隙体积对孔隙率的贡献大于喉道体积，平均孔隙直径的减小直接影响孔隙体积，从而对孔隙率的影响更为明显。类似的，图 3.25（b）中，喉道直径与渗孔比、渗透率的相关性明显高于其与孔隙率的相关性，表明喉道直径与宏观物性中渗透率的相关性更高，因最小过流面积直接影响渗透率的大小，而平均喉道直径决定最小过流面积，从而可以得出孔隙率主要受孔隙直径的影响，而渗透率主要受喉道直径的影响。图 3.25（c）中，孔喉比与

渗孔比、渗透率、孔隙率呈一定的负相关性，其相关性明显小于图 3.25（a）和图 3.25（b），相关性一般。

第五节　水合物地层骨架力学性质模拟

力学性质是含水合物地层钻采安全和固井安全的重要物性参数，对维持井壁稳定和地层稳定具有重要意义。本节主要探讨无水合物人造岩心力学强度与主要工艺参数之间的定量关系，为水合物地层骨架模拟和含水合物地层力学性质提供借鉴。

一、人造岩心制备与力学测试

（一）实验仪器

通过抗剪强度指标表征人造岩心力学性质，通过含水合物沉积物直剪仪进行剪切测试。主要测试装置为含水合物沉积物直剪仪（湖北创联石油科技有限公司），如图 3.26 所示，其主要由以下几个部分组成：①剪切盒，由上剪切盒、下剪切盒和滑轮支撑基础组成；②位移动力系统，可施加的位移主要包括轴向位移和剪切位移，分别由各自方向上的推力装置完成；③温度压力调节系统，压力室的调节范围为 0~6MPa，精度为 0.01MPa，恒温箱的调节范围为−20℃~150℃，精度为 0.5℃；④气源和管线用于提供轴向和水平动力来源，同时也提供水合物生成所需的气源；⑤控制和记录系统，用于实施操作指令和记录实验数据。另外，实验所使用的其他仪器还包括立式油压千斤顶（上海顶业机械制造有限公司）、压样盒、土工试验用标准环刀等。

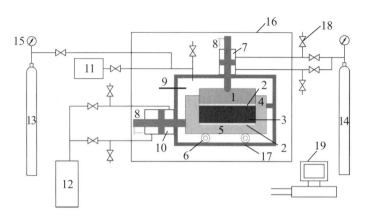

图 3.26 含水合物沉积物直剪仪结构示意图

1—压力垫板；2—透气垫板；3—人造岩心样品；4—上剪切盒；5—下剪切盒；6—滑轮支撑基础；7—轴向加载活塞；8—位移传感器；9—温度传感器；10—水平位移活塞；11—真空泵；12—平流泵；13—二氧化碳气瓶；14—氮气瓶；15—压力表；16—恒温箱；17—压力室；18—截止阀；19—数据采集系统

（二）实验设计与流程

通过 $L_9(3^4)$ 正交试验设计，制备所需的人造岩心，测试剪切强度，分析膨润土、黏结剂、压力和加压时间对强度的影响，以及过程中的力学剪切行为特征。

人造岩心制备采用环刀（尺寸 61.8mm×20mm）作为内嵌模具。$L_9(3^4)$ 正交试验因素与水平设置，以及基砂粒径级配如表 3.11 和图 3.27 所示。

表 3.11 $L_9(3^4)$ 试验因素与水平

水平	膨润土/基砂/（g/g）	黏结剂/基砂/（g/g）	压力/MPa	时间/min
1	7.50/100	2.50/100	10	10
2	11.25/100	4.00/100	15	15
3	15.00/100	5.50/100	20	20

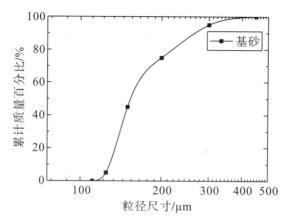

图 3.27　直剪试验中人造岩心的粒径级配曲线

实验流程主要包括人造岩心的制备、安装与直接剪切。人造岩心的制备参照前文制备方法，制备的岩心如图 3.28 所示。接着进行岩心的安装，首先在剪切盒中放入透气板，然后将制备好的岩心放入剪切盒中，接着分别放入另一透气板和压力垫板，在安装好上剪切盒后打开数据采集系统，进行温度和压力的实时采集。直剪试验在室温环境下进行，通过氮气推动加压头在人造岩心上施加轴向压力，调整平流泵的流量，使剪切盒以匀速进行剪切，过程中记录剪切数据。

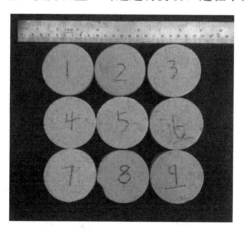

图 3.28　直剪试验中制备的人造岩心

二、人造岩心力学性质

剪切过程中的初始弹性阶段，剪应力随位移的增加而线性增大，接着剪应力在 1～2mm 的位置达到峰值。在峰值强度附近，岩心 4、5 和 7 的应力会出现缓慢波动，但变化不大，而其他岩心的波峰没有明显的波动，波峰较陡。接着剪应力逐渐下降，最后基本保持不变，曲线呈近似水平，即残余强度，如图 3.29 所示。图中，9 个岩样的水平剪应力-水平剪位移曲线变化趋势基本一致，前期剪应力随位移的增大呈线性增大，迅速增加达到峰值强度，然后逐渐减小到一个近似水平状态的残余强度，且峰值强度与残余强度二者间的差值较为明显，岩样的最大水平剪应力（即峰值强度）如图 3.29（10）所示。

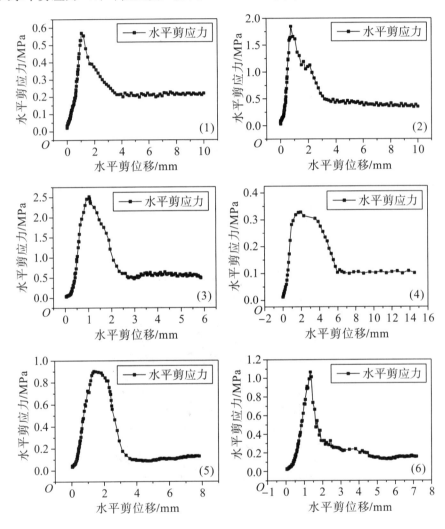

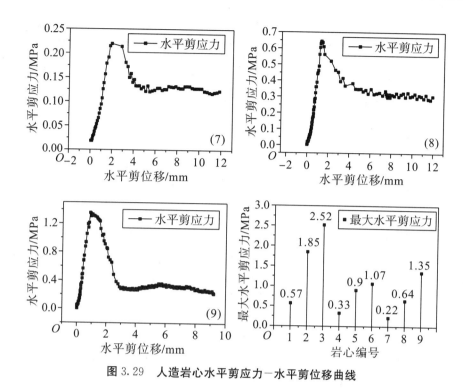

图 3.29 人造岩心水平剪应力－水平剪位移曲线

为了评价制备工艺中膨润土、黏结剂、压力和时间四因素对岩心峰值强度的影响，进行正交分析，结果如表 3.12 所示。

表 3.12 直剪试验结果分析

岩心编号	主要影响因素				峰值强度/MPa
	膨润土 A	黏结剂 B	压力 C	时间 D	
1	1	1	1	1	0.57
2	1	2	2	2	1.85
3	1	3	3	3	2.52
4	2	1	2	3	0.33
5	2	2	3	1	0.90
6	2	3	1	2	1.07
7	3	1	3	2	0.22
8	3	2	1	3	0.64
9	3	3	2	1	1.35

岩心编号	主要影响因素				峰值强度/MPa
	膨润土 A	黏结剂 B	压力 C	时间 D	
k_1	1.65	0.37	0.76	0.95	
k_2	0.77	1.13	1.18	1.05	
k_3	0.74	1.65	1.22	1.16	
R	0.91	1.28	0.46	0.21	

注：k_{ij} 等于第 j 列上 i 水平的各试验结果之和除以水平个数，R_j（极差）$= \max \{k_{ij}\} - \min \{k_{ij}\}$。

对于目标峰值强度值，四因素膨润土、黏结剂、压力和时间的极差值大小顺序分别为 $R_B > R_A > R_C > R_D$，因此各因素对渗透率值影响的主次顺序是黏结剂>膨润土>压力>时间，即黏结剂对岩样峰值剪切强度的影响最大，且随着黏结剂含量的增加，岩样峰值剪切强度不断增大。膨润土对岩样峰值剪切强度的影响仅次于黏结剂，随着膨润土含量的增加，岩样峰值剪切强度呈减小趋势。压力和时间对岩样峰值剪切强度的影响相对较小，随着压力和时间的增加，岩样峰值剪切强度也不断增大，岩心最大水平剪应力随因素水平变化趋势如图3.30所示。

黏结剂取 B_1 水平时，岩样峰值强度最小，取 B_3 时峰值强度最大；膨润土取 A_3 水平时，岩样峰值最小，取 A_1 时峰值强度最大；压力取 C_1 水平时，岩样峰值强度最小，取 C_3 时峰值强度最大；时间取 D_1 水平时，岩样峰值强度最小，取 D_3 时峰值强度最大。因此，要使所制作的岩心的峰值强度最大，$A_1B_3C_3D_3$ 为最优配方，而要使所制作的岩心的峰值强度最小，则 $A_3B_1C_1D_1$ 为最优配方。如果欲制作岩心的峰值强度在 $0.22 \sim 1.85$ MPa 之间，则需要根据各因素水平的 k 值进行具体分析，而分析的标准应使选择的 k 值之和尽量接近欲制作的岩样的峰值强度，然后再进行试验验证。

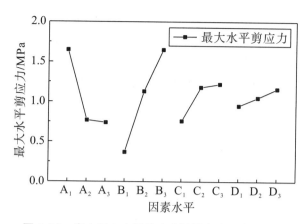

图 3.30　岩心最大水平剪应力随因素水平变化趋势
A—膨润土；B—黏结剂；C—压力；D—时间

从岩心孔隙角度分析不难发现，黏结剂和膨润土等胶结物的加入主要是改变了相邻石英颗粒之间的接触情况。随着黏结剂含量的增加，石英砂颗粒表面的黏结剂也增多，颗粒表面附着的黏结剂薄膜厚度增大，相邻颗粒之间的胶结也更加充分，从而增加了颗粒之间的黏结力，因而要破坏岩样的自身结构，就需要更大的剪切强度。而膨润土对岩心颗粒之间的作用与黏结剂相反。在天然水合物地层中，富含膨润土等黏土矿物的地层力学强度无疑较小，而膨润土往往是软弱带。膨润土较为膨胀疏松，主要表现为减小颗粒之间的黏结作用，从而减小颗粒之间的黏结力，在剪切的过程中往往是剪切破裂带，减小岩样的力学强度。压力和时间主要是改变了石英颗粒之间的紧密程度，随着压力和时间的增大，石英砂颗粒之间的孔隙更小，接触与排列更加紧密，整体表现为岩样更加密实，石英颗粒之间的错动则需要更大的力，因此增加了岩样的力学强度，如图 3.31 所示。

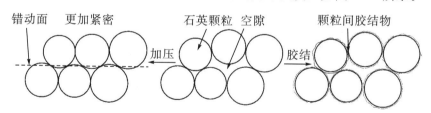

图 3.31　主要因素对岩心剪切强度的影响

参考文献

［1］Miyazaki K，Masui A，Sakamoto Y，et al. Triaxial compressive properties of artificial methane-hydrate-bearing sediment ［J］. Journal of Geophysical Research：Solid Earth，2011：116（B6）.

[2] Miyazaki K，Tenma N，Aoki K，et al. A nonlinear elastic model for triaxial compressive properties of artificial methane－hydrate－bearing sediment samples ［J］. Energies，2012，5 (10)：4057－4075.

[3] Hyodo M，LI Y，Yoneda J et al. Effects of dissociation on the shear strength and deformation behavior of methane hydrate－bearing sediments ［J］. Marine and Petroleum Geology，2014 (51)：52－62.

[4] Hyodo M，Yoneda J，Yoshimoto N et al. Mechanical and dissociation properties of methane hydrate－bearing sand in deep seabed ［J］. Soils and foundations，2013，53 (2)：299－314.

[5] Hyodo M，Li Y，Yoneda J，et al. A comparative analysis of the mechanical behavior of carbon dioxide and methane hydrate － bearing sediments ［J］. American Mineralogist，2014，99 (1)：178－183.

[6] Masui A，Miyazaki K，Haneda H，et al. Mechanical characteristics of natural and artificial gas hydrate bearing sediments ［C］ // Proceedings of the 6th International Conference on Gas Hydrates (ICGH 2008). Vancouver，British Columbia，Canada，2008.

[7] Wu L Y，Grozic J L. Laboratory analysis of carbon dioxide hydrate－bearing sands ［J］. Journal of Geotechnical and Geoenvironmental Engineering，2008，134 (4)：547－550.

[8] 唐仁骐，曾玉华. HNT 人造岩样的制作和研究 ［J］. 石油钻采工艺，1998，20 (1)：98－102.

[9] 唐仁骐. GM 人造岩样的制作和研究 ［J］. 复式油气田，1994，5 (3)：50－53.

[10] 卢祥国，高振环. 人造岩心渗透率影响因素试验研究 ［J］. 大庆石油地质与开发，1994，13 (4)：53－55.

[11] 梁万林. 人造岩心制备技术研究 ［J］. 石油仪器，2008，22 (2)：72－74.

[12] 夏光华，魏恒勇，虞澎澎，等. 大尺寸系列孔隙度高强人造岩芯的研制 ［J］. 人工晶体学报，2008，37 (1)：248－251.

[13] 李芳芳，杨胜来，高旺来，等. 大尺寸石英砂环氧树脂胶结人造岩心制备技术研究及应用 ［J］. 科学技术与工程，2013，13 (3)：685－689.

[14] 王家禄，沈平平，陈永忠，等. 三元复合驱提高原油采收率的三维物理模拟研究 ［J］. 石油学报，2005，26 (5)：61－66.

[15] 郭永伟，杨胜来，李良川，等. 长岩心注天然气驱油物理模拟实验 ［J］. 断块油气田，2009，16 (6)：76－78.

[16] 王进安，袁广均，张军，等. 长岩心注二氧化碳驱油物理模拟实验研究 ［J］. 特种油气藏，2001，8 (2)：75－78.

[17] 郑明明，蒋国盛，宁伏龙，等. 模拟冻土区水合物地层骨架的人造岩心实验研究 ［J］. 天然气地球科学，2014，25 (7)：1120－1126.

[18] 郑明明，蒋国盛，刘志超，等. 一种物性参数可控的人造长岩心制作技术与影响因素分析 ［J］. 地质科技情报，2016，35 (6)：222－229.

[19] Zheng M M，Liu T L，Gao Z Y，et al. Simulation of natural gas hydrate formation

skeleton with the mathematical model for the calculation of macro—micro parameters [J]. Journal of Petroleum Science and Engineering, 2019 (178)：429—438.

[20] 刘力. 钻井液侵入含天然气水合物地层特性研究 [D]. 武汉：中国地质大学, 2013.

[21] 郑明明, 蒋国盛, 刘天乐, 等. 钻井液侵入时水合物近井壁地层物性响应特征 [J]. 地球科学, 2017, 42 (3)：453—461.

[22] 郑明明. 人造水合物岩心研制与实验研究 [D]. 武汉：中国地质大学, 2016.

[23] 夏晞冉. 天然气水合物藏物性参数及注热开采实验研究 [D]. 青岛：中国石油大学（华东）, 2011.

[24] 张新军. 天然气水合物藏降压开采实验与数值模拟研究 [D]. 北京：中国石油大学, 2008.

[25] 张磊, 刘昌岭, 李淑霞, 等. 含水合物沉积物力学性质及影响因素 [J]. 海洋地质前沿, 2011, 27 (6)：24—28.

[26] 颜荣涛, 韦昌富, 傅鑫晖, 等. 水合物赋存模式对含水合物土力学特性的影响 [J]. 岩石力学与工程学报, 2013, 32 (z2)：4115—4122.

[27] 郑明明, 蒋国盛, 宁伏龙, 等. 模拟冻土区水合物地层骨架的人造岩心实验研究 [J]. 天然气地球科学, 2014, 25 (7)：1120—1126.

[28] Zheng M M, Sun Q, Jiang G S, et al. Artificial cores technology of simulating in—situ hydrate bearing sediment [J]. Electronic Journal of Geotechnical Engineering, 2014, 19 (z7)：19029—19043.

[29] 张国新, 蒋建宁, 郭进忠, 等. 疏松砂岩室内岩心制作方法 [J]. 钻井液与完井液, 2007, 24 (1)：23—25.

[30] 李建路, 曹铁, 鹿守亮, 等. 三元复合驱室内物理模拟实验研究——天然岩心与人造岩心的差异 [J]. 大庆石油地质与开发, 2003, 22 (4)：64—66.

[31] 皮彦夫. 石英砂环氧树脂胶结人造岩心的技术与应用 [J]. 科学技术与工程, 2010, 10 (28)：6998—7000.

[32] 李淑霞, 陈月明, 王晓红, 等. 填砂模型中天然气水合物合成及降压分解实验研究 [J]. 油气田地面工程, 2009, 28 (7)：1—3.

[33] Miyazaki K, Masui A, Sakamoto Y, et al. Triaxial compressive properties of artificial methane—hydrate—bearing sediment [J]. Journal of Geophysical Research：Solid Earth, 2011：116 (B6).

[34] Winters W J, Waite W F, Mason D H, et al. Methane gas hydrate effect on sediment acoustic and strength properties [J]. Journal of Petroleum Science and Engineering, 2007, 56 (1)：127—135.

[35] 张郁, 吴慧杰, 李小森, 等. 多孔介质中甲烷水合物的生成特性的实验研究 [J]. 化学学报, 2011, 69 (19)：2221—2227.

[36] Uchida T, Ebinuma T, Ishizaki T. Dissociation condition measurements of methane-hydrate in confined small pores of porous glass [J]. The Journal of Physical Chemistry B, 1999, 103 (18)：3659—3662.

[37] Yan L, Chen G, Pang W, et al. Experimental and modeling study on hydrate formation in wet activated carbon [J]. The Journal of Physical Chemistry B, 2005, 109 (12): 6025−6030.

[38] Makogon Y F. Hydrates of natural gas [M]. Tulsa, Oklahoma: PennWell Books, 1981.

[39] Collett T S. Permafrost−associated gas hydrate accumulationsa [J]. Annals of the New York Academy of Sciences, 1994, 715 (1): 247−269.

[40] Dallimore S R, Collett T S. Intrapermafrost gas hydrates from a deep core hole in the Mackenzie Delta, Northwest Territories, Canada [J]. Geology, 1995, 23 (6): 527−530.

[41] 祝有海, 张永勤, 文怀军, 等. 青海祁连山冻土区发现天然气水合物 [J]. 地质学报, 2009, 83 (11): 1762−1771.

[42] 任红, 裴学良, 吴仲华, 等. 天然气水合物保温保压取心工具研制及现场试验 [J]. 石油钻探技术, 2018, 46 (3): 44−48.

[43] Inks T L, Lee M W, Agena W F, et al. Seismic prospecting for gas−hydrate and associated free−gas prospects in the Milne Point area of northern Alaska [J]. Natural Gas Hydrates−Energy Resource Potential and Associated Geologic Hazards: AAPG Memoir, 2009 (89): 555−583.

[44] Lee M W, Collett T S, Inks T L. Seismic−attribute analysis for gas−hydrate and free−gas prospects on the North Slope of Alaska [J]. Natural Gas Hydrates−Energy Resource Potential and Associated Geologic Hazards: AAPG Memoir, 2009 (89): 541−554.

[45] Lee M W, Agena W F, Collett T S, et al. Pre− and post−drill comparison of the Mount Elbert gas hydrate prospect, Alaska North Slope [J]. Marine and Petroleum Geology, 2011, 28 (2): 578−588.

[46] Winters W, Walker M, Hunter R, et al. Physical properties of sediment from the Mount Elbert gas hydrate stratigraphic test well, Alaska North Slope [J]. Marine and Petroleum Geology, 2011, 28 (2): 361−380.

[47] Rose K, Boswell R, Collett T S. Mount Elbert gas hydrate stratigraphic test well, Alaska North Slope: Coring operations, core sedimentology, and lithostratigraphy [J]. Marine and Petroleum Geology, 2011, 28 (2): 311−331.

[48] Dai S, Lee C, Carlos Santamarina J C. Formation history and physical properties of sediments from the Mount Elbert gas hydrate stratigraphic test well, Alaska North Slope [J]. Marine and Petroleum Geology, 2011, 28 (2): 427−438.

[49] 徐洪波, 刘莉, 李建阁. 大庆油田砂岩人造岩心制作方法 [J]. 科学技术与工程, 2011, 11 (30): 7344−7348.

[50] 于宝, 宋延杰, 贾国彦, 等. 混合泥质砂岩人造岩心的设计和制作 [J]. 大庆石油学院学报, 2006, 30 (4): 88−90.

第四章　钻井液与水合物地层响应

第一节　水合物与钻井液侵入问题研究现状

天然气水合物是由天然气和水在高压（≥3.8MPa）、低温（≤300K）条件下形成的似冰状结晶化合物[1]，广泛分布于海洋沉积地层与陆上冻土地层中，储量丰富，为常规能源碳总储量的两倍[5,6]。继美国和日本之后，我国在南海的水合物钻采工作取得重大进展。

然而，对于水合物的商业化开采，仍有一些技术问题需要解决。首先，水合物开采会造成一些安全隐患和事故[9]，如甲烷泄漏、海底滑坡和地面塌陷。这些问题都与井壁的力学稳定性密切相关。为了保证钻井过程中井壁的安全性和稳定性，通常使用微过平衡钻井方式，即保持钻孔中的压力略高于地层的孔隙压力，同时，这种压差会造成钻井液侵入储集层中。

与常规油气相比，钻井液侵入水合物地层除了传质和传热，其主要区别在于伴随有相变的发生[13]，水合物在高压、低温条件下处于稳定状态，但在钻井过程中，若采用欠平衡式钻井方式，水合物将会因为减压而分解，并且当钻井液侵入水合物地层时，受钻井液温度的影响，也会导致水合物分解[14,15]，这将使力学性质、电学性质、热学性质和渗透性发生变化，从而影响水合物地层的力学稳定[16]、测井方法的可靠性[17]以及产气速率和总量。此外，温度和压力的变化会影响水合物的稳定性[18]，孔隙水盐度的变化会改变水合物相平衡曲线，以上说明钻井液侵入行为与地层物性之间有密切关系。因此，为了确保安全钻井、测井评价准确性以及甲烷气体产量，对钻井液侵入过程中水合物地层物性变化的研究必不可少。

本章利用人造岩心模拟实际水合物地层骨架，开展水合物地层开采与钻井液侵入模拟实验，同时验证人造岩心技术在研究中的应用效果。为此，选取墨西哥湾天然气水合物地层为模拟对象[19,20]，进行人造岩心中水合物的形成与分解及钻井液侵入模拟实验，为实际水合物地层钻井过程中钻井液工艺、钻测井方法优选提供指导和借鉴。

第二节　水合物地层钻井液侵入模拟

一、目标模拟地层选取与钻井液侵入模型建立

全球海洋区域进行的几次科学钻探中，墨西哥湾水合物联合工业计划（Gulf of Mexico Gas Hydrate Joint Industry Project，JIP）中部分井段水合物地层成藏条件好，测井质量高，取心量大，岩心数据丰富[21,22]，便于人造模拟地层骨架制备工作的开展。联合工业计划是于 2005 年春季在墨西哥湾北部的 Minibasin 省启动的一个为期 35 天的钻井项目，在 Atwater Valley 和 Keathley Canyo 区块（如图 4.1 所示）累计共获取了 144m 的岩心，并进行了相关的物性测试。结果表明，该地区水合物地层厚度大且饱和度高，具有良好的天然气水合物勘探前景。因此，选取 Keathley Canyon ♯151−3 孔海底 236m 深处的天然气水合物地层作为研究对象，制备物性参数贴近的人造水合物地层骨架，并在原位条件下进行钻井液侵入模拟实验。

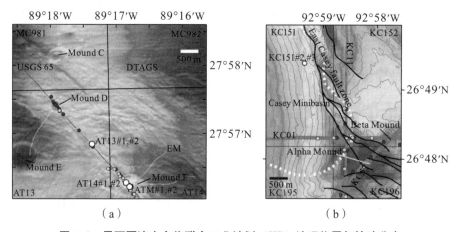

图 4.1　墨西哥湾水合物联合工业计划（JIP）地理位置与钻孔分布

现场钻井作业中，测量纵波速度和电阻率是识别天然气水合物存在的最有效方法，且电阻率的变化在富含砂和黏土的地层中更加敏感[23]。孔隙率是地层骨架的基本参数之一，因此在制备人造地层骨架时，选取孔隙率和电阻率为目标模拟参数。该地区沉积物主要由 1.45% 的砂、26.48% 的淤泥和 72.07% 的黏土组成，且岩心（无水合物）的电阻率范围为 0.5~1.6 Ω·m，平均值为 1.0 Ω·m，平均孔

隙率值为 31.0%[24]。

钻井过程中，在正压差的作用下，钻井液易渗透进入井眼周围的天然气水合物地层孔隙中，水平方向上渗透范围一般不大于 0.6m，且随着沉积物的孔隙特性和钻井工艺参数的变化而变化。由于孔隙的均匀性和相似性，垂直和水平方向的变化较为相似。为了充分考虑钻井液的侵入范围，制备了长度为 1.2m 的人造岩心骨架，进行水平方向的一维实验模拟，如图 4.2 所示，在原位地层应力、温度、压力和电阻率等条件下进行水合物的合成与钻井液侵入实验，过程中实时测量温度、压力、电阻率、进出气液量等数据。

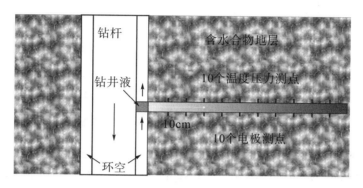

图 4.2　钻井液侵入模型示意图

二、实验仪器与材料

高仿真物理模型的制备和侵入过程十分重要。采用的实验装置主要包括人造岩心制备装置和天然气水合物开采及渗流模拟系统（如图 4.3 所示），人造岩心制备装置可用于制备直径为 50mm、长度不超过 900mm 的人造岩心柱。

天然气水合物开采及渗流模拟系统由反应釜、压力系统、温度控制系统、钻井液循环系统、气水注入系统、数据测量及采集系统组成。它可以实现多孔介质中天然气水合物的形成和分解，不同温度和压力差条件下钻井液侵入，以及高度还原原位地层温度、压力、电阻率等条件。可通过达西定律和波义耳定律测量骨架渗透率和孔隙率，实验过程中可实时测量和采集温度、压力、电阻率、进出气液量等数据。

反应腔由橡胶管组成，可容纳直径为 50mm、长度不超过 1200mm 的岩心柱。橡胶管上下冠处共设置 20 个测点。紧贴岩心柱上表面的 10 个测点分别使用热电偶（精度为 0.1℃）和压力传感器（精度为 0.1MPa）测量温度和压力。下表面的 10 个测点由金属电极组成，结合数字电桥，可测量岩心的 9 段电阻值（精度为 0.01 Ω）。上下测点均垂直对齐，且第一个测点距岩心左端面 15cm，其余测点间距为 10cm。

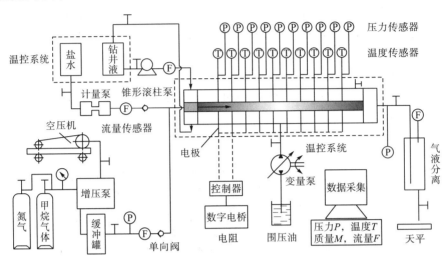

图 4.3 天然气水合物开采和流体运移模拟系统示意图

实验材料主要包括：天然石英砂（取自厦门白城海滩）、天然钠基膨润土（调节亲水性、孔隙率和电阻率）、环氧树脂 E－44（6101），以及聚酰胺树脂（分子量 650）、甲烷气体（纯度 99.99%）、氯化钠粉末、自制蒸馏水等。

人造岩心骨架制备时需注意孔隙率和电阻率与原位地层相似，长度满足实验需求，且保证长岩心轴向孔隙的均匀性[13]。制备人造岩心所用石英砂粒径如图 4.4 所示，具体过程与前文相同。

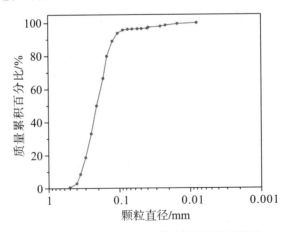

图 4.4 人造岩心骨架石英砂的粒径级配曲线

三、天然气水合物形成和钻井液侵入

实验过程中的温度、压力和钻井液配方均基于现场条件，根据现场地球物理测井和岩心分析等数据，可确定钻井工艺参数和地层主要物性参数，海水盐度约3.5%，水深约 800m，再结合目标水合物地层深度，可计算出孔隙压力为10MPa。井口钻井液密度为 1250kg/m³（含岩屑），井眼内目标层位钻井液压力为 12MPa，温度为 15℃。海水选用 3.5%氯化钠溶液模拟。钻井液侵入模拟前，岩心孔隙中水合物的形成是前提，主要实验参数如表 4.1 所示。

表 4.1　主要实验参数

	实验参数	数值
人造岩心骨架制备	直径/mm	50.0
	总长度/mm	119.5
	渗透性/mD	420.0
	孔隙率/%	31.4
	主孔隙直径/μm	40～100
天然气水合物形成	初始孔隙压力/MPa	8.2
	初始孔隙温度/℃	16.2
	孔隙水盐度/%	3.5
	初始岩心骨架电阻率/（Ω·m）	1.04
	反应后岩心电阻率/（Ω·m）	3.45
钻井液侵入	初始孔隙压力/MPa	10.0
	初始孔隙温度/℃	8.0
	钻井液盐度/%	3.5
	钻井液初始温度/℃	15.0
	正温差/MPa	7.0
	钻井液初始压力/MPa	12.0
	正压差/MPa	2.0
	钻井液初始密度/（g/cm³）	1.03
	钻井液表观黏度/MPa	1.14

水合物形成实验中，首先需要进行人造岩心骨架安装。将塞子贴靠岩心端部拧紧以确保岩心间紧密接触。通过缓慢增加压力并保持围压 10.0MPa（绝缘硅

油）和孔隙压力 8.2MPa（氮气）来检查围压室和橡胶管的密封。用稳定甲烷气流吹注孔隙水（3.5%氯化钠溶液）以实现均匀分布。孔隙压力维持在 8.2MPa 一定时间，以确保甲烷充分溶解于孔隙水中，缩短诱导时间。采用定容法生成水合物，降低温度到 2.0℃（低于相平衡温度）并保持恒定 10h，当温度、压力和电阻率基本不变时，说明水合物合成已经结束。

水合物形成后，注入甲烷气体使孔隙压力升至 10.0MPa，并维持温度在 8℃，以模拟原位温压条件。接着通过高压泵在 12MPa 的压力条件下循环钻井液，钻井液在 2.0MPa 的压差条件下侵入地层孔隙。

第三节　人造岩心骨架配方优选

孔隙率和电阻率值由多次测试取平均获得，电阻率为饱和海水且在 14.0℃ 条件下测得。沉积物电导率与孔隙率和孔隙流体电导率密切相关[30]，且可被 Archie 公式[31]良好表征。使用 Yun 等[32]获得的函数模型 $\sigma_{sed} = A_{\varphi\sigma pf}$ 对实测数据进行回归分析，结果显示相关性系数为 0.9895（$R^2 = 0.9792$），如图 4.5 所示，表明电阻率（电导率的倒数）和孔隙率之间有很强的相关性，其变化趋势与天然沉积物相似，说明了人造岩心骨架和天然地层骨架的相似性。

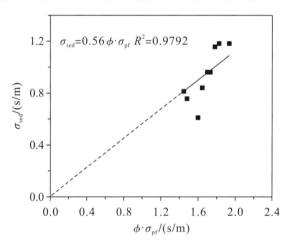

图 4.5　人造岩心骨架电导率、孔隙率与孔隙流体导电性的关系

$L_9(3^4)$ 正交试验结果如表 4.2 所示。工艺参数及其各水平值对结果影响的权重分别由 R 值和 k 值表示。由此可知，在所选定的水平范围内，影响孔隙率和电阻率因素的主次顺序分别为压力＞黏结剂＞时间＞膨润土，压力＞时间＞黏结剂＞膨润土，表明压力对孔隙率和电阻率的影响最为显著，孔隙率和电阻率的范围分别为 26.60％～35.56％ 和 0.85～1.64Ω·m，模拟值分别为 31.0％ 和 1.0Ω·m，孔隙率和电阻率都在相应的范围内。因此，不能通过选择 k 的极值来确定最优水平，而是应该选择与模拟参数目标值接近的 k 值所对应的水平。从而，对于孔隙率，A1、B2、C2 和 D3 为较优水平，而对于电阻率，较优水平则为 A1、B1、C2 和 D3。对于两次优选的黏结剂水平，可以取平均值作为最优水平。从而，人造岩心骨架孔隙率和电阻率最优配方为 A1、(B1+B2)/2、C2 和 D3。据此对制备好的岩心骨架进行测试，孔隙率为 31.40％，电阻率为 1.04Ω·m，与天然目标地层骨架的差异分别为 1.29％ 和 4.0％。

表 4.2　正交试验结果分析

序号	工艺参数				模拟参数	
	膨润土 A /%	黏结剂 B /%	压力 C /MPa	时间 D /min	孔隙率 /%	电阻率 /(Ω·m)
1	7	0.5	5	10	35.56	0.85
2	7	1.5	10	15	31.43	1.04
3	7	2.5	15	20	26.60	1.23
4	10	0.5	10	20	33.54	0.85
5	10	1.5	15	10	29.38	1.64
6	10	2.5	5	15	31.81	1.04
7	13	0.5	15	15	27.23	1.32
8	13	1.5	5	20	32.71	0.86
9	13	2.5	10	10	30.22	1.19
孔隙率	k_1	31.20	32.11	33.36	31.72	
	k_2	31.58	31.17	31.73	30.16	
	k_3	30.05	29.54	27.74	30.95	
	R	1.52	2.57	5.62	1.56	
电阻率	k_1	1.04	1.01	0.92	1.22	
	k_2	1.18	1.18	1.02	1.13	
	k_3	1.13	1.15	1.40	0.98	
	R	0.14	0.18	0.48	0.24	

第四节　水合物形成与钻井液侵入过程水合物地层物性响应

一、水合物形成过程地层物性变化

钻井液侵入前，首先需要根据最优配方制备所需人造长岩心骨架，然后在孔隙中合成水合物，用以模拟原位含水合物地层，并分析水合物生成情况。过程中实时监测各测点温度、压力和电阻率变化情况。由于孔隙的均匀性以及采用定容法生成，不同测点位置水合物的生长情况相似。选择测点 2 和 6 处的温度、压力，以及测点 2—3、测点 6—7 间含水合物岩心的电阻率进行进一步分析和解释，结果如图 4.6 所示。

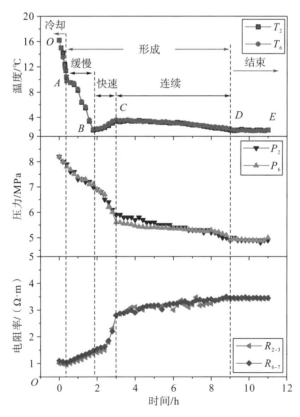

图 4.6　水合物形成过程中地层主要物性参数变化情况

水合物形成的整个过程主要可分为 5 个阶段，地层初始温度为 16.2℃，压力为 8.2MPa，初始电阻率 R_{2-3} 和 R_{6-7} 分别为 1.0Ω·m 和 1.1Ω·m。

OA 为冷却阶段。温度的下降使得压力和电阻率缓慢下降，此阶段尚未达到相平衡点，因此不会形成水合物。AD 为水合物形成阶段。根据图中的相平衡曲线，当温度降低至 9.8℃，压力为 7.8MPa 时（点 A），条件达到了 3.5%氯化钠溶液中水合物的相平衡临界条件。水合物形成过程中，电阻率随着水合物饱和度的增大而增大。由于是放热反应，温度的下降速度较 OA 段略慢。同时，甲烷的消耗致使压降速率略有增加。在 AB 阶段，水合物的形成速率较低，从而压降速率较低；同时，孔隙中形成的水合物饱和度较低，孔隙连通性没有受到明显影响，孔隙水依然在导电中起主要作用，表现为电阻率的缓慢增长。

BC 为水合物快速形成阶段。B 点（2.2℃，6.9MPa，1.48Ω·m）是温度的转折点，B 点过后水合物快速形成，释放大量热量，致使温度不降反升，压降速率和电阻率都显著增加。从电阻率曲线变化来看，水合物的生成速率明显较高，并且水合物的形成对电阻率的影响远大于孔隙水盐度的增加。

CD 是水合物连续形成阶段。从 C 点开始，水合物生成过程放热速率降低，温度开始下降，压降速率和电阻率增加速率明显降低。该阶段虽然持续时间较长，约为 5.8h，但形成的水合物总量少于 BC 阶段，从电阻率的变化和甲烷的消耗量可明显看出。测点 2 和 6 处压力和电阻率变化曲线略有差异的主要原因可归咎于生成的大量水合物充满部分孔喉通道，形成局部密封区域，随着气水的消耗而形成的压力波动和孔隙水导电所占不同比例的主导作用。

D 点（2.1℃，5.3MPa，3.44Ω·m）之后温度、压力和电阻率基本保持不变，温度保持在约 2.0℃（与系统设定温度相近），压力降至 5.0MPa，说明反应结束。由温压变化曲线可以看出，水合物生成过程良好，由电阻率可知，各测点间水合物分布均匀。

二、钻井液侵入过程近井壁地层物性变化

在原位地层温度和压力条件下进行钻井液侵入实验，记录过程中温度、压力和电阻率等参数。水合物地层（a 点）和钻井液（b 点）的初始温度和压力如图 4.7 所示，整个侵入过程持续 12h。图 4.8 显示了侵入开始后 1min、10min、2h、5h 和 12h 的数据。

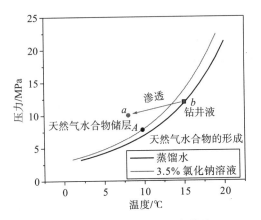

图 4.7 甲烷水合物相平衡曲线

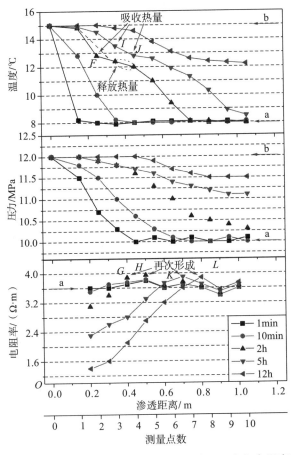

图 4.8 钻井液侵入过程中近井壁地层温度、压力和电阻率变化

a—水合物地层初始状态；b—钻井液初始状态

由图 4.8 可知，钻井液的初始温度和压力分别比水合物地层高 7℃ 和 2.0MPa，且在这一温差和压差条件下侵入近井壁地层孔隙，此时水合物仍处于稳定状态。

1min 后，测点 3 处的孔隙压力达到 10.5MPa，测点 4 处的孔隙压力保持不变，表明压力的影响尚未达到该点。测点 1 的温度升高至 8.2℃，而测点 2 的温度没有变化，同样表明热量传递仅到达测点 1。可以看出，压力的传递速率比热量快得多。

根据温度和压力条件，近井壁地层中水合物已经开始分解，但分解前缘尚未到达测点 1。与此同时，测点 1 和 4 之间的孔隙压力增加，从而游离水和甲烷继续形成少量水合物，致使测点 1 和 4 之间地层的电阻率 $R_{1-2}-R_{3-4}$ 略有上升。

钻井液的侵入量随时间增加而不断增加。10min 后，测点 3 和 6 的温度与压力已经发生变化，测点 3 的温度上升到 8.2℃，测点 6 的孔隙压力略微上升到 10.1MPa。根据相平衡条件和电阻率值，可以推断出测点 1 处的水合物开始分解，而测点 2 处的水合物保持稳定。R_{1-2} 呈下降趋势，而 R_2-R_{5-6} 呈上升趋势，说明分解前缘尚未到达测点 2。

2h 后，压力已经传递到测点 10（8.0℃，10.3MPa），10 个测量点的孔隙压力都已经发生了变化，而热量已经传递到测点 7（8.0℃，10.6MPa）。测点 2 处的温度不断升高，水合物已经开始分解，因此 R_{1-2} 和 R_{2-3} 不断减少，但分解前缘尚未到达测点 3。值得注意的是，电阻率 R_{3-4} 和 R_{4-5}（点 G 和点 H）明显增加，这主要是由于近处水合物分解所产生的游离气和水运移至此处又重新形成水合物，从而产生一个高饱和度的二次水合物带所致，从而也导致温度略微上升（红色圆圈）。由于前端分解生成的甲烷和水的迁移，点 F 的温度有所下降。

5h 后，热量传递到测点 10（8.5℃，11.1MPa），同时所有测点的孔隙压力不断增加，可以推测压力已经传递到 1.2m 长的整个地层区域范围。由电阻率可知测点 4 和 5 之间的水合物分解，$R_{1-2}-R_{4-5}$ 继续下降，而 $R_{5-6}-R_{9-10}$ 由于压力上升而继续上升。在高饱和水合物分解的吸热方面，I、J 两点与 F 点相似。测点 K 处也形成了二次水合物，同时没有观察到明显的温度变化。

12h 后，各测点的温度和孔隙压力均升高。分解前缘已经越过测点 6，深度在 0.65~0.75m 之间，R_{5-6} 和 R_{6-7} 开始减小，而 R_{7-8} 和 R_{9-10} 增大，点 L 处同样有二次水合物生成。

第五节　水合物地层钻测井启示

一、侵入深度与电阻率测井方法的关系

热量的传递主要有传导、对流和辐射三种方式，钻井液侵入过程中的热量传递主要包括对流和传导，是导致温度升高（温度前缘）的主要原因。侵入过程中孔隙中的物质运移是影响压力变化的主要原因，压力前缘是钻井液的最大影响范围，现场测井方法的选择应该参考测试所得出的物性变化范围，尤其是电阻率的变化。温度和压力前缘之间新形成的水合物量相对较少，电阻率变化不大，而电阻率变化较大区域的前缘略滞后于温度变化前缘。电阻率、温度和压力随侵入时间的变化范围如图 4.9 所示，相应的示意图如图 4.10 所示，字母 T、P 和 R 分别代表温度、压力和电阻率。箭头表示传播方向、变化范围和趋势。红色箭头表示水合物变化范围，实线表示电阻率变化范围。

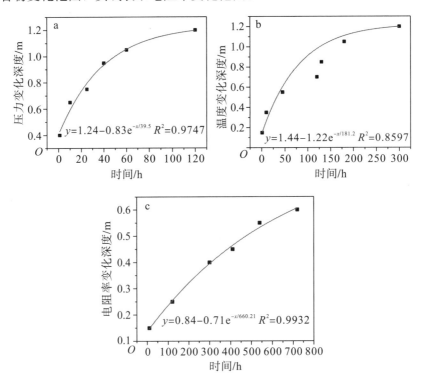

图 4.9　温度、压力和电阻率变化范围随侵入时间的变化

图 4.9 中的回归方程是在孔隙中流体（原位以及分解产生的甲烷气和水）运移的范畴内获得的，即地层没有出现裂缝（侵入压差小于地层的破裂压力）。由结果可知，压力、温度和电阻率的变化范围与侵入时间密切相关，相关系数 R 分别为 0.9873，0.9272 和 0.9967（R^2 = 0.9747，0.8597，0.9932），同时与 Fang 等[9]的理论推导侵入函数模型类似，从而所获得的函数在变化范围预测方面是准确的。值得注意的是，在 2MPa 的压差和 7℃ 的温差下持续了 12h 的侵入后，电阻率变化范围达到了 0.65m。因此，现场电阻率测井中，为获得原位未扰动水合物地层的电阻率数据，必须减少钻井和测井之间的时间间隔，随钻测井是良好的备选方案，或可采用探测深度合适的测井方法，非浅层侧向测井的探测深度更为合适。与视电阻率测井相比，聚焦电阻率测井无疑是更好的选择。如同时为了获得原始和扰动的地层电阻率数据，可以采用深-浅聚焦的侧向测井。

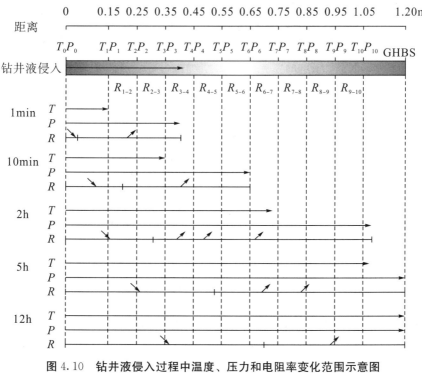

图 4.10　钻井液侵入过程中温度、压力和电阻率变化范围示意图

二、钻井工艺对地层物性的影响机理

钻井液侵入水合物地层孔隙过程中，不仅导致温度和压力变化，还引起水合物分解、水和甲烷的产生和迁移以及孔隙水盐度的变化，从而电阻率也随之发生变化。随着游离甲烷气和水迁移至地层更深处时，温压环境处于相稳定区，从而

二次形成水合物，且形成距井眼周围一定半径的高饱和环状水合物区，减缓了侵入行为，同时也表现为电阻率的增加。

压力比温度的影响范围快得多。因此，压力变化前缘比温度的更深，而水合物分解前缘则处于最后。钻井液侵入过程中，近井壁含水合物地层通常可分为四个区域，各区域具有不同的温压条件和水合物含量。结合现有研究，微观侵入过程可绘制为图4.11。

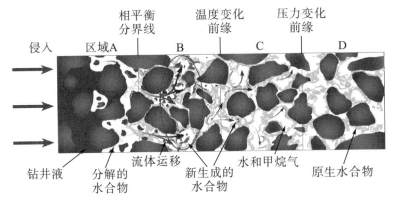

图 4.11　钻井液侵入影响机理

如图4.11所示，区域D尚未受到钻井液侵入的影响，该区域的温度、压力和电阻率保持不变，原始水合物、甲烷和水也没有改变。区域C位于压力和温度前缘之间，受侵入的影响，此区域压力上升而温度尚未变化，导致原始孔隙水和甲烷继续形成水合物，所以电阻率略有增加。

在温度变化前缘和水合物相平衡分界线之间的区域B，温度和孔隙压力都有所增加，但不会导致水合物分解。大量的甲烷和水随着少量的钻井液被驱替到此处，导致重新形成水合物，从而形成高饱和度水合物环状区域，并减缓了侵入行为的继续。如图4.8所示，温度、压力和电阻率都有所增加。相平衡分界线后的A区，随着大量钻井液的到来，温度和压力显著升高并越过相平衡点，水合物迅速分解，产生的水和甲烷在侵入压差下向地层深处运移。

钻井液侵入是一个复杂的过程，伴随着热量的传递、流体的运移和相态的不断变化，宏观物性也随之不断变化。钻井液与近井壁地层之间的温压差是导致孔隙内温压变化的主要原因，但温度升高是水合物分解的主要原因，而压力升高有利于维持稳定。因此，在现场钻井中，低温高密度钻井液有助于水合物的稳定。在钻井液密度尽量高的同时需要维持在"安全窗口"内，以防止压裂地层。另外，可通过降低钻井液体滤失量和添加抑制剂来减少水合物的分解。

参考文献

［1］ Sloan E D. Clathrate hydrate measurements：Microscopic，mesoscopic，and macroscopic ［J］. The Journal of Chemical Thermodynamics，2003，35（1）：41－53.

［2］ Makogon Y F. Peculiarities a gas－field development in permafrost ［M］. Moscow：Nedra，1966.

［3］ Paull C K，Ussler W，Borowski W S，et al. Methane－rich plumes on the Carolina continental rise：Associations with gas hydrates ［J］. Geology，1995，23（1）：89－92.

［4］ Kvenvolden K A. Gas hydrates－geological perspective and global change ［J］. Reviews of Geophysics，1993，31（2）：173－187.

［5］ Kvenvolden K A. Methane hydrate－A major reservoir of carbon in the shallow geosphere? ［J］. Chemical Geology，1988，71（1－3）：41－51.

［6］ Collett T S. Energy resource potential of natural gas hydrates ［J］. AAPG Bulletin，2002，86（11）：1971－1992.

［7］ 孙金声，程远方，秦绪文，等. 南海天然气水合物钻采机理与调控研究进展 ［J］. 中国科学基金，2021，35（6）：940－951.

［8］ 叶建良，秦绪文，谢文卫，等. 中国南海天然气水合物第二次试采主要进展 ［J］. 中国地质，2020，47（3）：557－568.

［9］ Fang C L，Zheng M M，Lu H Z，et al. A simplified method for predicting the penetration distance of cementing slurry in gas hydrate reservoirs around wellbore ［J］. Journal of Natural Gas Science and Engineering，2018（52）：348－355.

［10］ Sun X，Wang L，Luo H，et al. Numerical modeling for the mechanical behavior of marine gas hydrate－bearing sediments during hydrate production by depressurization ［J］. Journal of Petroleum Science and Engineering，2019（177）：971－982.

［11］ Sun J X，Ning F L，Lei H W，et al. Wellbore stability analysis during drilling through marine gas hydrate－bearing sediments in Shenhu area：A case study ［J］. Journal of Petroleum Science and Engineering，2018（170）：345－367.

［12］ 任金锋，孙鸣，韩冰. 南海南沙海槽大型海底滑坡的发育特征及成因机制 ［J］. 地球科学，2021，46（3）：1058－1071.

［13］ Zheng M M，Liu T L，Gao Z Y，et al. Simulation of natural gas hydrate formation skeleton with the mathematical model for the calculation of macro－micro parameters ［J］. Journal of Petroleum Science and Engineering，2019（178）：429－438.

［14］ Ning F L，Zhang K N，Wu N Y，et al. Invasion of drilling mud into gas－hydrate－bearing sediments. Part I：effect of drilling mud properties ［J］. Geophysical Journal International，2013（193）：1370－1384.

［15］ Zheng M M，Liu T L，Jiang G S，et al. Large－scale and high－similarity experimental study of the effect of drilling fluid penetration on physical properties of gas hydrate－

bearing sediments in the Gulf of Mexico [J]. Journal of Petroleum Science and Engineering，2019 (187)：106832.

[16] Wang H N，Chen X P，Jiang M J，et al. Analytical investigation of wellbore stability during drilling in marine methane hydrate－bearing sediments [J]. Journal of Natural Gas Science and Engineering，2019 (68)：102885.

[17] Li L J，Luo Y J，Peng J M，et al. Theoretical analysis of the influence of drilling compaction on compressional wave velocity in hydrate－bearing sediments [J]. Energy Science & Engineering，2019，7 (2)：420－430.

[18] Yu M H，Li W Z，Yang M J，et al. Numerical studies of methane gas production from hydrate decomposition by depressurization in porous Media [J]. Energy Procedia，2017 (105)：250－255.

[19] Collett T S，Lee M W，Zyrianova M V，et al. Gulf of Mexico gas hydrate joint industry project leg II logging－while－drilling data acquisition and analysis [J]. Marine and Petroleum Geology，2012，34 (1)：41－61.

[20] Ruppel C，Boswell R，Jones E. Scientific results from Gulf of Mexico gas hydrates Joint Industry Project Leg 1 drilling：Introduction and overview [J]. Marine and Petroleum Geology，2008，25 (9)：819－829.

[21] Dai J，Banik N，Gillespie D，et al. Exploration for gas hydrates in the deepwater northern Gulf of Mexico. Part II. Model validation by drilling [J]. Marine and Petroleum Geology，2008，25 (9)：845－859.

[22] Cook A E，Goldberg D S，Malinverno A. Natural gas hydrates occupying fractures：A focus on non－vent sites on the Indian continental margin and the northern Gulf of Mexico [J]. Marine and Petroleum Geology，2014 (58)：278－291.

[23] Collett T S，Lee M W，Zyrianova M V，et al. Gulf of Mexico gas hydrate joint industry project leg II logging－while－drilling data acquisition and analysis [J]. Marine and Petroleum Geology，2012，34 (1)：41－61.

[24] Winters W J，Dugan B，Collett T S. Physical properties of sediments from Keathley Canyon and Atwater Valley, JIP Gulf of Mexico gas hydrate drilling program [J]. Marine and Petroleum Geology，2008，25 (9)：896－905.

[25] Golmohammadi S M，Nakhaee A. A cylindrical model for hydrate dissociation near wellbore during drilling operations [J]. Journal of Natural Gas Science & Engineering，2015 (27)：1641－1648.

[26] Lee J. Experimental study on the dissociation behavior and productivity of gas hydrate by brine injection scheme in porous rock [J]. Energy & Fuels，2010，24 (1)：456－463.

[27] Yang X，Sun C Y，Yuan Q，et al. Experimental study on gas production from methane hydrate－bearing sand by hot－water cyclic injection [J]. Energy & Fuels，2010，24 (11)：5912－5920.

[28] 郑明明，蒋国盛，刘天乐，等. 钻井液侵入时水合物近井壁地层物性响应特征 [J]. 地

球科学，2017，42（3）：453－461.

［29］张怀文，程远方，李令东，等. 含热力学抑制剂钻井液侵入天然气水合物地层扰动模拟 ［J］. 科学技术与工程，2018，18（6）：93－98.

［30］Wei W，Cai J C，Hu X Y，et al. An electrical conductivity model for fractal porous media ［J］. Geophysical Research Letters，2015，42（12）：4833－4840.

［31］Archie G E. The electrical resistivity log as an aid in determining some reservoir characteristics ［J］. Transactions of the AIME，1942，146（1）：54－62.

［32］Yun T S，Santamarina J C，Ruppel C. Mechanical properties of sand，silt，and clay containing tetrahydrofuran hydrate ［J］. Journal of Geophysical Research：Solid Earth，2007：112（B4）.

第五章　固井水泥浆与水合物地层响应

第一节　固井过程地层物性与高压气水反侵研究现状

近海大陆架地层一般具有低温高压的环境特性，良好符合水合物稳定存在的温压环境。海洋水合物一般赋存于 2℃～15℃[1] 的温度和 13～15MPa[2] 的压力环境。中国南海神狐海域水合物地层情况较为复杂，地层以粉质砂土、黏土居多，骨架力学强度弱，且相平衡状态脆弱，温度一旦稍有升高即可能导致水合物连续大量分解[3]，影响地层力学稳定。当深水油气固井遇到水合物地层时，水泥浆水化放热产生的热量势必会导致近井壁水合物地层温度升高，引发水合物分解，产生的高压游离气水累积到一定程度时极易反向驱替和侵入环空水泥浆中，形成微气泡、裂隙等问题，极大地削弱固井水泥环力学强度和密封性能，甚至会引发井壁垮塌、层间流体互窜等一系列问题，导致该地区油气固井作业面临严峻挑战。因此，防治水合物分解产生的高压游离气水反侵环空对保障固井质量极其必要，而不同工艺和地质条件下反侵行为发生的临界条件判别是关键[9,10]，可为后续固井工艺优化和参数设计提供依据和参考。

固井水泥浆对近井壁水合物地层的影响主要涉及传质和传热两个过程。与传质传热相关的研究主要涉及水合物地层开采、钻井液侵入和固井等。Kamath 等[11] 通过观察水合物在热盐水注入下的分解过程，得出盐度对注热分解影响明显。唐良广等[12] 采用注热盐水法进行了水合物的开采研究，给出了压力、温度、气水产出速率等随时间的变化规律。万丽华等[13] 进行的注热盐水水合物分解研究中，其将全过程分为自由气产出、水合物分解、水合物分解后常规气藏产气三个阶段。李淑霞等[14] 通过数值方法模拟了注热盐水水合物分解过程，研究了相关工艺参数对水合物分解速率的影响，并找出了影响能量效率的敏感参数。在热采过程中，热水由其自身所携带的热量使地层温度升高，从而引发水合物分解。涂运中等[15] 通过观察多孔介质孔隙中水合物的分解，确定过程中的主要影响因素，并提出一种全新的钻井液侵入模型。Zheng 等[6] 通过观察钻井液侵入人工合成岩心的过程，得出了地层温压及电阻率变化趋势，并定量地给出了水合物分解深度随时间的变化规律。钻井液侵入时除了传质，还会使温压及孔隙水盐度发生变化，温压的变化极有可能破坏水合物相平衡，而在不同盐度下水合物相平衡曲线会受到影响产生偏移[16]。

　　以上研究对揭示固井过程中地层物性的响应规律具有重要指导作用。然而，相对于加热开采和钻井液侵入，固井过程所涉及的问题更具有挑战性，主要在于水泥浆侵入地层过程中边运移边水化放热，且水化放热速率随时间不断变化（即"动态热源"），以及环空水泥浆静液压力不断减小、凝结强度逐渐增加，与地层孔隙压力的差值不断变化。对此，本书选取中国南海神狐海域 GMGS-1 水合物钻探工程，以其中成果丰富、资料详尽的 SH2 站位勘探井为研究对象，研究固井过程中水泥浆与近井壁地层中水合物的互馈耦合作用。在原位地层温度压力等条件下，选取水泥浆放热速率和固井压差两个关键固井工艺参数分别进行单因素试验，开展固井过程中水合物分解产生的高压气水反侵环空水泥浆的临界条件判别数值模拟研究。

第二节　固井过程井周水合物地层物性响应

一、原位水合物地层固井模型

（一）水合物地层选择

　　我国南海神狐海域水合物资源丰富，是近些年勘探开发的热点区域，2007年我国在该海域进行了天然气水合物钻探工程 GMGS-1，该工程包含 8 个科学钻探钻位，分别从 SH2、SH3 和 SH7 钻位获取了良好的地层样品[21,22]。2020年，我国地质调查局在南海神狐海域开展了最新一轮水合物试开采，并连续产气30 天，创造了日均产气 $2.87 \times 10^4 m^3$ 以及总产气量 $8.61 \times 10^5 m^3$ 两项新的世界纪录，标志着我国水合物开采技术成功通向"试验性试采"阶段[23]。现场地质资料丰富、岩心质量高，有助于实验和数值模拟等研究的开展，如 2020 年 Zhu 等[24]采用该站位数据模拟预测了海洋沉积物中甲烷气体形成水合物的积累过程。因此，本书同样选用 SH2 站位（地理位置如图 5.1 所示）数据进行模拟研究。资料显示，该点水深约为 1235m，水合物藏赋存于海底面以下 185m 到 229m 深度的地层之中，地层厚度约 44m，孔隙率约为 0.40，海底温度约 4℃，地温梯度约为 47℃/km，水合物饱和度较高，最高达 0.47。

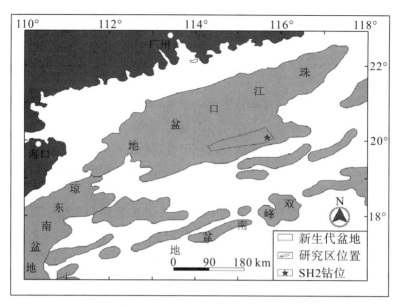

图 5.1 南海神狐海域 GMGS-1 工程位置图[26]

模拟以海底面以下 200m 处水合物地层为目标层位，根据已有测井和钻探取心资料可知，该处地层主要为粉质黏土，沉积地层骨架密度为 2600kg/m³，孔隙率为 0.4，渗透率为 1.0×10^{-14} m²，温度约 13.4℃，孔隙压力为 14.5MPa。孔隙中几乎饱和水合物和水，水合物饱和度为 33%，游离气饱和度为 1.0%～1.2%。为了获得更清晰的模拟结果，地层原有气相物质忽略不计。孔隙水盐度与上覆海水基本一致，为 3.05%。详细的地质与模型参数见表 5.1。

表 5.1 主要地质与固井工艺参数取值

	主要参数	取值
地质参数	埋深（海底面以下）/m	200
	孔隙压力/MPa	14.5
	骨架密度/(kg/m³)	2600
	孔隙率	0.4
	绝对渗透率/m²	1.0×10^{-14}
	压缩系数/Pa⁻¹	1.00×10^{-8}
	骨架比热/(J·kg⁻¹·℃⁻¹)	1000
	饱和水导热系数/(W·m⁻¹·℃⁻¹)	3.1
	沉积物导热系数（不含水）/(W·m⁻¹·℃⁻¹)	1.0

	主要参数	取值
地质参数	温度/℃	13.4
	水合物饱和度/%	33.0
	盐度/%	3.05
固井工艺参数	水泥浆密度/(kg/m³)	1050
	水泥浆初始温度/℃	14.4
	环空静液压力/MPa	14.8

（二）套管—环空—地层固井模型

1. 模拟方法

TOUGH+HYDRATE 是在数值模拟软件 TOUGH2 基础上，结合水合物状态方程编写而成，专门针对水合物渗流相关问题而开发的一款有限差分数值模拟软件[27]。其适用于各种体系下的水合物形成、分解模拟，以及多种地层环境下的水合物钻井、固井与开采模拟，同时可与其他软件耦合来模拟水合物钻采过程中地层与井壁的力学问题。软件中含有水合物分解、形成的静态平衡模式和动力学模式，考虑了相态及其组分的转变，所涉及的相态包含气相、液相、冰相、水合物相，组分包含水合物、水、甲烷、抑制剂。固井过程模拟采用动力学模式[27]。使用的主要计算模型如下：

相对渗透率模型[28]：

$$k_{rA} = \max\left\{0,\ \min\left[\left(\frac{S_A - S_{irA}}{1 - S_{irA}}\right)^n,\ 1\right]\right\} \tag{5-1}$$

$$k_{rG} = \max\left\{0,\ \min\left[\left(\frac{S_G - S_{irG}}{1 - S_{irA}}\right)^{nG},\ 1\right]\right\} \tag{5-2}$$

$$k_{rH} = 0 \tag{5-3}$$

式中：k_{rA} 为液相相对渗透率；k_{rG} 为气相相对渗透率；S_A 为液相饱和度；S_G 为气相饱和度；S_{irA} 为束缚水饱和度，取值为 0.12；S_{irG} 为束缚气饱和度，取值为 0.02；$n = nG = 3.0$。

毛细管压力计算模型如下[29]：

$$P_{cap} = -P_0\left[(S^*)^{-1/\lambda} - 1\right]^{1-\lambda} \tag{5-4}$$

$$S^* = \frac{(S_A - S_{irA})}{(S_{mxA} - S_{irA})} \tag{5-5}$$

$$-P_{max} \leqslant P_{cap} \leqslant 0 \tag{5-6}$$

式中：P_{cap} 为毛细管压力；λ 取值为 0.45；S_{irA} 取值 0.11；S_{mxA} 为最大液相饱和度，取值为 1.0；P_0 为初始压力，取值为 1.25×10^4 Pa，$P_{max} = 10^6$ Pa。

地层综合导热系数 λ_c 计算式如下[30]：

$$\lambda_c = \lambda_{Hs} + (\sqrt{S_A} + \sqrt{S_H})(\lambda_s - \lambda_{Hs}) + \varphi S_I \lambda_I \qquad (5-7)$$

式中：S_H 为水合物饱和度；λ_{Hs} 为只含水合物的沉积地层热导率；λ_s 为水饱和沉积地层热导率；λ_I 为冰的导热系数；φ 为孔隙率；模拟过程中由于设定温度高于 0℃，因此无冰出现，$S_I = 0$。

环空压力经验计算公式如下：

$$P_f = P_{atm} + g(\rho_{sw}h + \rho_f z) \times 10^{-6} \qquad (5-8)$$

式中：P_f 为泥浆压力，MPa；ρ_f 为泥浆密度，kg/m³；P_{atm} 为大气压，其值为 0.101325MPa；h 为水深，m；z 为海底沉积物距海底的深度，m；g 为重力加速度；ρ_{sw} 为平均海水密度，是水深、温度和盐度的函数，神狐海域海水密度取为 1019kg/m³[31]。

水合物相平衡模型（Lw—H—V 三相平衡时温度和压力拟合关系式）如下[32]：

$$\ln(P_e) = -1.94138504464560 \times 10^5 T_e^0 + 3.31018213397926 \times 10^3 T_e^1 -$$
$$2.25540264493806 \times 10^1 T_e^2 + 7.67559117787059 \times 10^{-2} T_e^3 -$$
$$1.30465829788791 \times 10^{-4} T_e^4 + 8.86065316687571 \times 10^{-8} T_e^5$$

$$(5-9)$$

式中：P_e 为水合物相平衡压力，MPa；T_e 为相平衡温度，K。

2. 模拟参数

根据南海深水区油气井钻遇含水合物地层的固井技术方案[33,34]，目标站位井水合物层潜在固井方案应选择低热低密度水泥浆，且固井压差不能过高以防止压裂地层，海洋钻探常用低密度固井水泥浆密度范围为 1.0~1.6g/cm³，取水泥浆密度为 1.05g/cm³，水化热放热速率为 0.07~0.35J·g⁻¹·s⁻¹。水合物层位水泥浆初始温度取值较地层温度稍高，为 14.4℃。假定井内环空压力为此处海水和环空水泥浆产生的静液柱压力，由公式（5—8）计算得出，为 14.8MPa。目标地层所能承受的最大固井压差约为 3MPa，因此在这一压差范围内进行模拟研究。所选用的水泥浆凝结强度（10^{-3}MPa）与时间（min）的关系为：

$$y = 115.84 + 0.69\exp(t/97.8) \qquad (5-10)$$

式中：y 为水泥浆凝结强度，MPa；t 为时间，s。

固井水泥浆侵入模型如图 5.2 所示，侵入过程主要行为与水合物相平衡情况如图 5.3 所示。据此建立数值模型，使用轴对称的二维圆柱状坐标系，井眼直径取 280mm，固井用套管选用外径 240mm、厚度 6mm 的 API 5CT J55/K55 BTC 石油套管，套管外壁与地层间隙为 20mm。结合已有成果中该情况下水泥对地层的影响范围[33]，保守起见地层模型半径取为 5m。模型中水合物地层水平向均匀分布，因此可在地层中沿径向选取一定厚度（文中取 0.1m）薄层为研究对象，将模型简化为一维。将其沿径向划分为近井壁处密集、远处稀疏的 113 个单元格，环空水泥浆和套管分别为 1 个单元格，套管单元设置为恒压单元，水泥浆单元格为时变单元，距二界面处选取 5 个单元设为主要数据监测点 A、B、C、D、E，各监测点距二界面距离分别为 1.5mm，5.5mm，10.5mm，16.5mm 和 21.7mm。模型外边界设为恒温恒压。整个数值模型如图 5.4 所示。

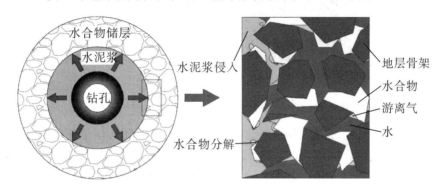

（a）套管—环空水泥浆—地层模型；　（b）水泥浆侵入水合物地层过程

图 5.2　固井水泥浆侵入含水合物地层示意图

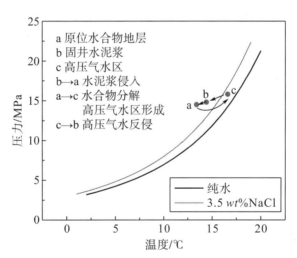

图 5.3　固井水泥浆侵入过程主要行为与水合物相平衡情况[35]

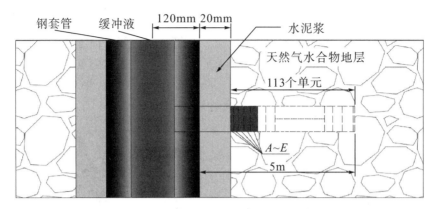

图 5.4 固井水泥侵入水合物地层数值模型示意图

固井作业中，为改善二界面胶结强度和密封性能，目标层位环状空间水泥浆压力通常大于地层孔隙压力，且碰压后，通常会使环空水泥浆在安全压力窗口内保压一段时间以使水泥浆少量挤入地层。而 SH2 站位井地层多为弱胶结与未胶结状态，安全压力窗口较窄，短时间低压保压更为安全。

3. 动态热源仿真

针对固井过程中水泥浆放热的"动态热源"问题，采用连续分段模拟思路进行解决。将总模拟时长范围划分为若干时间段，每个时间段中的水泥水化速率以该时间段的平均放热速率来代替（如图 5.5 所示），时间段数量和步长可根据精度需要灵活调整。通过每个时间段的模拟结果计算出此时刻水泥浆的侵入前缘，以及各单元中水泥浆含量等数据，作为下一个时间段的输入数据，从而实现每个时间段开始前的热源位置和时间段内水泥浆水化放热速率的更新（如图 5.6 所示）。

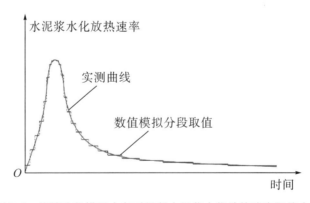

图 5.5 连续分段模拟中各时间段水泥浆水化放热速率取值方式

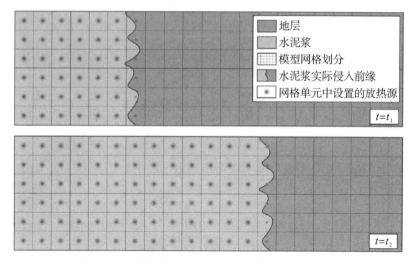

图 5.6 连续分段模拟中各时间段热源设置示意图

二、固井过程中井周水合物地层物性变化

固井过程中水泥浆侵入深度随时间的变化情况如图 5.7 所示，地层物性参数变化特点如图 5.8 所示。碰压时刻为模拟零点，保压 240s 后让压力自然回落，过程中观察地层及水泥浆物性变化，整个过程持续 1680s。由图 5.7 可知，保压期间水泥浆近乎匀速地侵入地层孔隙，且压差越大侵入速率越快。保压结束后，水泥浆侵入速率迅速变缓并趋于停滞。因此可知，水泥浆对地层的侵入几乎仅发生在保压期间，且压差越大侵入越深。

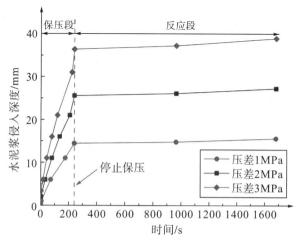

图 5.7 不同压差下水泥浆最大侵入深度随时间的变化情况

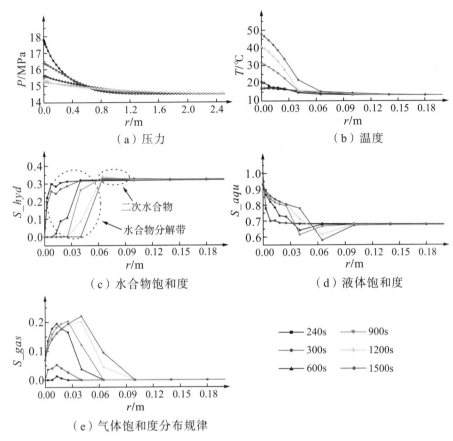

（a）压力　　　　　　　　　　　（b）温度

（c）水合物饱和度　　　　　　　　（d）液体饱和度

（e）气体饱和度分布规律

图5.8　水泥浆侵入过程中不同时刻地层主要物性变化规律

图5.8描述了固井压差3MPa，水化放热速率0.35J·g^{-1}·s^{-1}条件下，水泥浆侵入过程中地层主要物性变化规律，其中$r=0$处为固井二界面。地层主要物性的变化体现在孔隙压力和温度上，由图可知，孔隙压力的传递速率明显高于温度。从图5.8（a）可以看出，240s时近井壁处压力升高明显，这是由于保压期间，水泥浆在压力差的影响下迅速挤入地层并驱替孔隙中原有物质运移，其所带来的高压使近井壁地层孔隙压力显著升高。根据各时间点地层压力情况可知，随着时间的推移，近井壁处压力不断降低，地层深处压力微升，说明高压流体逐渐向地层深处消散。物性的变化其次体现在温度上，由图5.8（b）可以发现，水泥侵入范围内温度升高明显，且越靠近井壁处温度越高，而在该范围外温度无明显变化。这是因为热对流传热速率远高于热传导，即侵入范围内孔隙流体的驱替对流效应远大于侵入范围外地层与热源无直接接触的传导效应。另外，水合物分解过程中会吸收热量阻碍温度升高，越靠近井壁处的水合物完全分解越早，由此产生的时间差也导致了温升的滞后。

地层温压的变化是导致水合物相态变化的主要因素，结合图 5.8（a）、5.8（b）和图 5.3 可以明显看出，300s 后水泥浆侵入范围内的地层温压条件已不足以维持水合物相平衡的稳定，且该趋势将随时间不断加强。而侵入范围外由于温度无明显变化，同时压力比地层初始压力高，水合物相平衡稳定程度反而更高。结合图 5.8（c）、5.8（d）和 5.8（e）可以得出，300s 时侵入范围内水合物已经开始分解，之后分解程度不断提高，范围逐渐扩大，最终的分解范围与侵入范围基本相同。水合物分解后，在压力差的驱替下，分解产生的游离甲烷和水向地层更深处运移，当移动到侵入区外时，由于温度骤降，重新达到相稳定状态，从而生成"二次水合物"。

三、不同固井工艺下地层物性变化规律

水合物地层固井过程中，固井工艺的变化对地层物性的影响显著。本节通过控制变量法设计试验，探讨主要固井工艺参数（水泥浆水化放热速率、固井压差和保压时长）的变化对固井过程中地层物性响应情况的影响。考查时间范围为水泥浆初凝前，固井保压开始时计为时间零点 t_0，25min 后的地层物性基本稳定，作为主要考查时间点，固井工艺参数取值如表 5.2 所示，地层物性变化如图 5.8 至图 5.18 所示。

表 5.2 主要固井工艺参数取值

固井工艺参数	取值
水化放热速率/$(J \cdot g^{-1} \cdot s^{-1})$	0.14, 0.21, 0.28*, 0.35, 0.42
固井压差/MPa	1.0*, 1.5, 2.0, 2.5, 3.0
保压时长/min	4.0, 5.5, 7.0*, 8.5, 10.0

注：带*数据为基准组。

（一）水泥浆水化放热速率

水化放热速率对水泥浆凝结硬化，尤其是早期强度有重要影响，较高的水化放热速率会直接造成地层温度的升高，从而影响水合物稳定性。而通过不同控热方式促成的较低水化放热速率不利于早期强度的形成。

不同水泥浆水化放热速率下井周水合物地层温度和压力分布如图 5.8 和图 5.9 所示。随着水泥浆水化放热并向地层传热，侵入范围内的地层温度升高显著，最大升温幅度为 20℃。水合物的分解吸热过程可以吸收一定量水化传热，抑制地层的升温速率。当水合物完全分解后，无水合物范围内地层升温速率会有所升高。随着水泥浆放热速率的增大，近井壁地层升温幅度增大，升温速率增大，且水合物分解范围也明显扩大。

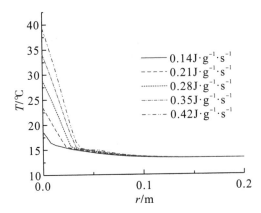

图 5.8　不同水化放热速率下井周地层温度

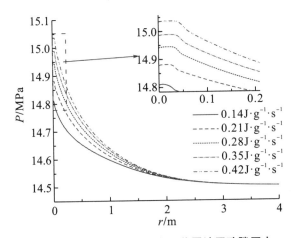

图 5.9　不同水化放热速率下井周地层孔隙压力

与此同时,由图 5.9 可以看出,随着水化放热速率的增大,地层孔隙压力升高范围也逐渐增大,且明显大于升温范围。水泥浆侵入造成地层孔隙压力增大的同时,受热分解产生的游离气和水进一步使孔隙压力增大,且随着水化放热速率的增大,因水合物分解造成的孔隙压力增幅也逐渐增大。

水泥浆侵入地层后水合物饱和度分布如图 5.10 所示。可以看出,随着水化放热速率的增大,地层中水合物的分解范围和无水合物区域范围明显增大,同时形成的二次水合物量也增多,且向地层深处的延伸范围也增大。

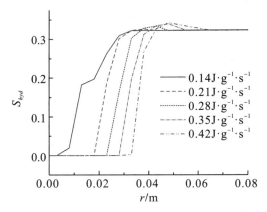

图 5.10　不同水化放热速率下井周地层水合物饱和度

（二）固井压差

适宜的固井压差可以使少量水泥浆侵入地层孔隙，对提高二界面质量意义明显，同时是驱替水泥浆侵入地层孔隙的动力，对侵入范围内的孔隙水合物稳定性有一定影响。

图 5.11 展示了不同固井压差下，水泥浆侵入深度的变化。随着固井压差增大，水泥浆侵入前缘明显加深，其对侵入深度的影响非常显著，当固井压差在 1MPa～3MPa 之间时，水泥浆侵入深度几乎呈线性增加。图 5.12 中，固井压差对地层孔隙压力影响显著，近井壁处孔隙压力提升明显。其主要表现为两个方面：①固井压差下水泥浆侵入地层孔隙，直接致使地层孔隙压力升高；②水泥浆侵入深度的加深，增大水泥浆这一热源与水合物的接触，传热更为直接，导致水合物分解，从而使得孔隙压力增大。

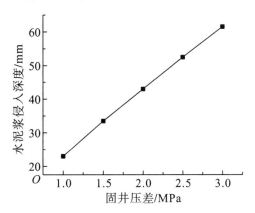

图 5.11　不同固井压差下水泥浆侵入深度

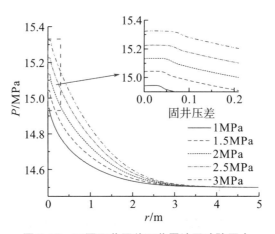

图 5.12　不同固井压差下井周地层孔隙压力

　　图 5.13 显示了不同固井压差下井周地层温度的变化情况，固井压差对水泥浆自身温度没有影响，导致水合物地层温度差异的原因主要在于传热路径、效率和传热量的变化。固井压差造成水泥浆侵入深度的加深，增大了与水合物的接触，减少了传热的中间介质和缩短传递路径，使得传热效率和传热量增加，从而地层温度升高加快。近井壁 0.1m 范围内的地层温度差异最为明显，当水合物分解时会一定程度上减缓升温速率。随着固井压差的增大，水合物分解范围不断增大（图 5.14）。水泥浆在压差驱替下侵入地层，前缘位置不断变化，同时也驱替孔隙流体向地层深处运移，水合物分解产生的游离气和水在原位分解后被驱替向地层深处孔隙运移。深处的地层温度受传热影响较小，当温度和压力合适时又重新形成水合物。固井压差越大，分解的水合物量越大，形成的二次水合物量越大，范围越广。

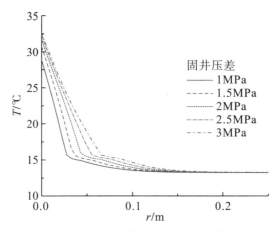

图 5.13　不同固井压差下井周地层温度

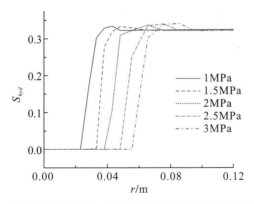

图 5.14　不同固井压差下井周地层水合物饱和度

固井压差对地层的直接影响主要在于地层孔隙压力的增大和水泥浆侵入范围的扩大。孔隙压力增大有助于水合物相平衡的稳定，同时在水泥浆凝结的初期阶段可有效防止气水反侵，但会导致水泥浆侵入深度加深和更多水合物分解，同时，过大的地层压力极易压破地层。压差过低不利于形成良好的二界面，过高则会使大量水合物分解，针对原位地层条件确定合适的固井压差十分必要。

（三）保压时长

保压时长为井口施加的环空固井水泥浆压力的时长，可看作固井压差的持续时间，因此也影响到水泥浆侵入深度和侵入量。其对固井二界面高质量形成的促进以及对水合物稳定性的影响与固井压差的作用相近。此外，保压期间维持的孔隙压力有利于保持水合物的稳定，一定程度上延缓了水合物分解的开始时间。

图 5.15 展示了保压时长对水泥浆侵入深度的影响。随着保压时长的增大，水泥浆侵入深度明显增大，孔隙压力的升高范围随之增大，如图 5.16 所示，可以看出，保压时长的增大会轻微提升地层压力，但影响并不明显。可能是由于水合物分解进程延后，水合物分解造成的孔隙压力的升高部分较小。

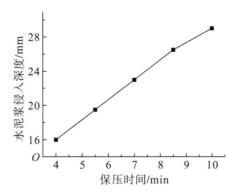

图 5.15　不同保压时长下水泥浆侵入深度

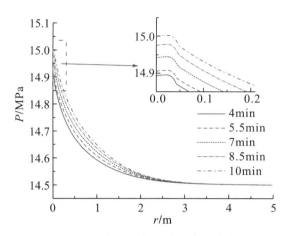

图 5.16　不同保压时长下井周地层孔隙压力

　　图 5.17 和图 5.18 分别显示了不同保压时长下地层温度和水合物饱和度的分布情况。可知，相比于固井压差的作用效果，随着保压时长的增大，地层温度和水合物饱和度分布区别并不明显，原因也较为类似，主要为保压过程对维持水合物稳定的作用。与此同时，随着保压时长的增大，二次水合物区的饱和度逐渐降低，区域范围区别不明显，进一步说明了其对维持水合物稳定的作用。

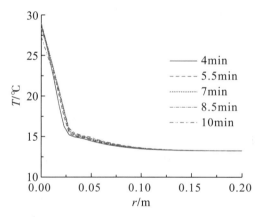

图 5.17　不同保压时长下井周地层温度

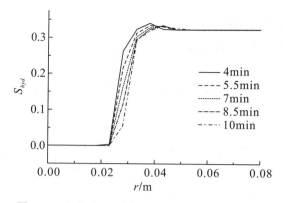

图 5.18　不同保压时长下井周地层水合物饱和度

四、不同地质条件下地层物性变化规律

全世界发现水合物的位置已有 100 多处[36,37]，我国南海水合物地层也遍布其域，由于埋深、温压、地层孔渗性质和水合物饱和度等条件不一，从而需根据原位地质条件进行相应的固井工艺设计。与此同时，不同地质条件的水合物地层在固井过程中的物性响应以及对环空水泥浆和水泥环的影响也不同。

本章选取水合物饱和度、孔隙率和渗透率，以及水合物相温度稳定系数等地质条件，探讨固井过程中地层物性变化规律。在南海已发现水合物地层地质条件参数范围内进行参数取值，其中，孔隙率和渗透率为同步变化，利用水合物相温度差（图 2.2）表示水合物相稳定性更为简洁直观。考查时间点依然为 25min 后，水合物地层主要地质参数取值如表 5.3 所示。

表 5.3　地质参数取值

地质参数	取值						备注
孔隙率/1	0.30	0.35	0.40*	0.45	0.50	—	—
渗透率/(10^{-14} m²)	0.75	0.88	1.00*	1.13	1.25	—	—
水合物饱和度/%	0#	23	28	33*	38	43	—
水合物相温度差/℃	1.0	2.0*	3.5	5.0	6.5	8.0	—
温度/℃	13.5	13.4*	13.3	13.2	13.1	13.0	对应水合物地层情况
压力/MPa	13.0	14.5*	17.1	20.2	24.0	28.5	
水深/m	1100	1200*	1500	1650	2050	2500	
埋深/m	200	200*	200	350	340	340	

注：* 号为基准组，# 号为对照组，渗透率为同列孔隙率对应值，水合物相温度差各取值分别对应水合物地层情况。

（一）水合物饱和度

水合物饱和度是水合物地层最重要的参数之一，它直接决定了孔隙中水合物的含量，同时关乎分解产生的游离气和水的量。

图 5.19 展示了不同初始水合物饱和度下水泥浆侵入深度的变化。水合物饱和度从 23％增大至 43％时，水泥浆侵入深度从 27.5mm 骤减至 18.5mm。可以看出，随着水合物饱和度的增大，水泥浆侵入深度显著减小。主要是因为，随着水合物饱和度的增大，孔隙中固相含量增多，降低了地层渗透率，同时也减小了水泥浆运移空间，使侵入变缓。另外，在保压阶段有水合物分解的案例中，分解产生的游离气水形成局部高压，且随着饱和度的增大，局部高压更加显著，从而进一步减缓了侵入的深入。

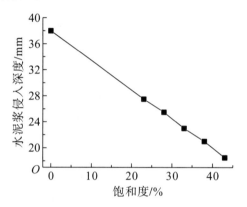

图 5.19　不同初始水合物饱和度下水泥浆侵入深度

不同初始饱和度地层固井过程中近井壁地层压力、温度和水合物饱和度变化如图 5.20 至图 5.22 所示。由图 5.20 可知，随着水合物饱和度的增大，一方面近井壁处地层孔隙压力随之增大，另一方面高压的影响范围反而逐渐减小。压力升高范围不同的原因与水泥浆侵入深度类似。近井壁高孔隙压力主要是水合物分解所致，水合物饱和度越高，分解产生的游离气和水越多，孔隙压力越大。同时高饱和水合物也导致地层渗透率较小，从而形成的局部高压越难消散。

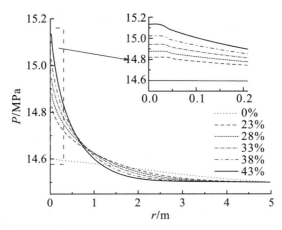

图 5.20　不同初始水合物饱和度下井周地层压力

图 5.21 中，随着初始水合物饱和度的增大，固井过程中地层升温范围和升温幅度都有所减小。主要是由于水泥浆侵入范围减小，降低了热量传递效率和总量，另外，水合物的分解吸热也起到了一定作用。与之同理，图 5.22 中，随着初始水合物饱和度的增大，水合物分解范围逐渐减小。

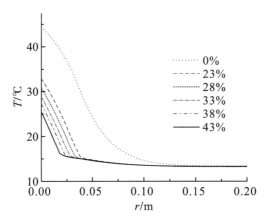

图 5.21　不同初始水合物饱和度下井周地层温度

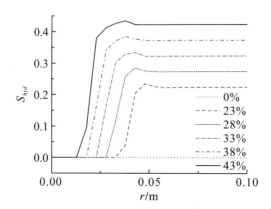

图 5.22   不同初始水合物饱和度下井周地层水合物饱和度变化

以上考察了不同水合物饱和度下近井壁地层在固井过程中的物性响应，在水泥浆初凝时间内，饱和度越大，侵入深度、温度升幅和水合物分解范围越小，而压力升幅和水合物量越大，从而会形成高压差和较多的游离气和水。值得注意的是，水泥浆初凝后会迎来第二波放热高峰，且初凝后水泥浆静液压力迅速减小，所形成的高压差、游离气和水会对固井质量产生影响。

（二）孔隙率和渗透率

孔隙率和渗透率是水合物地层重要的物性参数，对流体侵入、气体采收等涉及传质传热的过程至关重要。不同孔隙率和渗透率地层固井过程中，近井壁地层温度、压力和水合物饱和度变化如图 5.23 和图 5.24 所示。

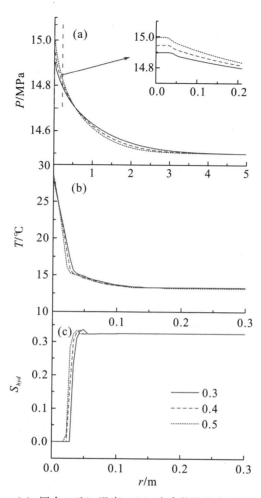

（a）压力；（b）温度；（c）水合物饱和度

图 5.23　不同孔隙率下井周地层主要物性变化

　　图 5.23 中，随着孔隙率的增大，二界面处地层孔隙压力略微逐渐增大，但差异并不明显，而稍远位置处孔隙压力反而略微降低。变化不大的原因主要是孔隙率增大而其他参数不变时，类似于孔隙环境被等比放大。远近处孔隙压力大小关系不一的原因主要是孔隙率越大，水合物含量越大，同时分解产生的游离气和水量越多，对水泥浆传质和传热的阻碍越大。另外，随着孔隙率的增大，水合物分解范围逐渐减小，主要也是由于分解产生的游离气和水的阻碍越大。

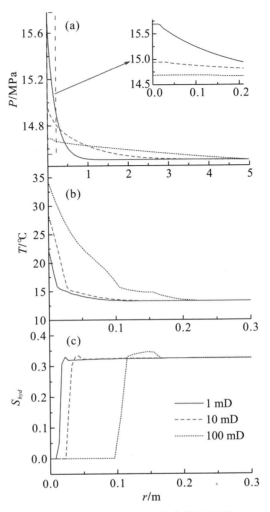

（a）压力；（b）温度；（c）水合物饱和度

图5.24　不同渗透率下井周地层主要物性变化

图5.24（a）中，渗透率越大，地层孔隙压力受影响的范围越大，同时近井壁处局部孔隙压力越小。渗透率越大，地层传质速率越高，近井壁处水合物分解产生的局部高压向深处的消散越快，从而压力影响区域越广，但峰值越低。

图5.24（b）和图5.24（c）中，可以看出地层渗透率越大，升温区和分解区也越大。随着渗透率的增大，地层传质速率增大，更有利于水泥浆侵入的深入，从而缩短传热路径，提高传热效率，地层温升范围和幅度也越高。与此同时，传热效率提升使得地层升温造成了水合物的分解，渗透率越大，水合物分解范围越大，且二次水合物形成的量越大。

（三）水合物相稳定系数

水合物相稳定系数决定了地层中水合物抗温度和压力的扰动能力，相稳定系数越大，水合物越稳定，从而固井工艺可选择性越大。相对于水合物相稳定系数，相温度差更为直观。不同水合物相温度差下井周地层温度和压力增幅，以及水合物饱和度的变化如图 5.25 所示。

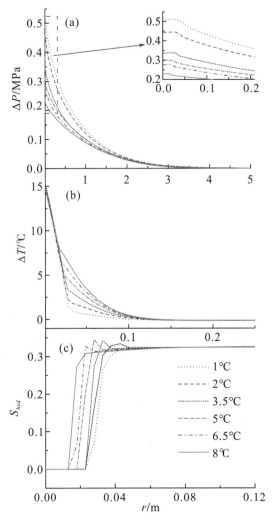

（a）压力增幅；（b）温度增幅；（c）水合物饱和度

图 5.25　不同相平衡温度差下井周地层主要物性变化

图 5.25（a）中，相平衡温度差越大，水合物达到相平衡临界点所需升温越高，从而也越稳定，越不容易发生分解，产生的游离气和水量越少，从而孔隙压

力增幅越小。图5.25（b）中，随着水合物相平衡温度差的增大，二界面处地层温度升幅区别不大，稍远处升幅则有所差异，随着相平衡温度差的增大而增大。结合图5.25（c）可进一步得知，温度升幅的差异主要来自水合物分解吸收的热量不同，相平衡温度差越大，二界面处水合物分解范围越小，分解量越少，从而所吸收的水化传热量越少，稍远处升幅则越大。另外，二次水合物形成的量与范围也随着相平衡温度差的增大而减小。

第三节　水合物分解高压游离气水反侵行为

固井水泥浆水化放热会导致近井壁地层水合物发生分解，形成局部游离气、水带。当分解量大且迅速时，局部游离气水易形成高压而大于环空压力，从而侵入水泥浆，改变水泥浆内部结构和组分，形成侵入裂隙，导致固井质量下降。固井水泥浆由液转固的水化过程中胶凝强度逐渐增大，而静液压力不断减小，胶凝强度与静液压力是高压气和水反侵的阻力。判断固井过程中游离气水区压力与水泥浆侵入阻力的关系是高压游离气水是否反侵的关键，而过程中游离气水区发育过程及其反侵行为特征至关重要。

一、高压游离气水反侵行为判别

地层孔隙压力大于环空阻力是反侵发生的前提条件，而环空中监测到游离气和水的出现或固井水泥环裂隙增加则是反侵发生的直接证据。通过在模型中设置监测点实时监测环空单元和井壁地层单元（如图5.26所示），判断近井壁地层孔隙压力与环空侵入阻力的关系。过程中分别记录两个单元的压力值，以及根据式（5-10）计算水泥浆凝结强度。高压游离气和水反侵过程中，由于侵入介质的黏度差异，通常认为气体侵入优先于液体，因此当环空单元刚出现气体时，认为反侵发生开始。图5.27展示了反侵案例中环空和井壁地层单元的实时监测数据。点 a 处虽然井壁地层孔隙压力大于环空压力，但并未反侵，而点 b 处地层孔隙压力大于环空压力且环空开始出现游离气体，为反侵开始发生时刻。

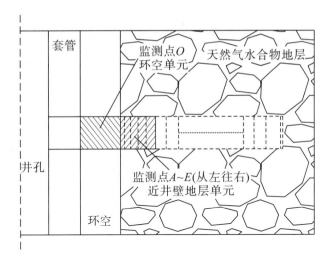

图 5.26　环空与井壁地层监测点设置

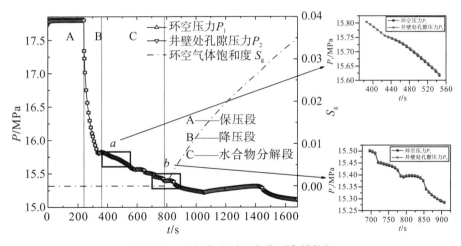

图 5.27　反侵发生时两个监测点的数据

二、反侵过程二界面区域气水运移规律

高压游离气水的产生与运移可通过环空与地层主要物性参数监测来实时反馈。由图 5.28（a）可以看出，保压阶段孔隙压力急剧升高至保压值，固井压力卸去后，孔隙压力经历了短暂的极速下落，紧接着降速转缓，这是因为水合物的分解带来了高压气水抵消了部分压降，在 Q 点之后地层孔隙压力开始高于环空压力。同时水合物分解吸收了相当一部分水化热，导致了水泥浆水化放热带来的温度增速变缓，如图 5.28（b）所示。结合图 5.28（c）、图 5.28（d）和图 5.28（e），250s 左右水合物开始大量分解，这是由于先前的温升和卸压共同作用。同时，

由于水合物分解区局部压力升高，使得高压气水向两侧运移，高压气水区域不断形成的过程中也逐渐驱替水泥浆后退，当近井壁地层孔隙压力与环空水泥浆静液压力差大于其胶凝强度时，则高压气水反侵环空现象发生。由图 5.28（e）可知，约 780s 时环空水泥浆中出现甲烷气体，证明高压气水反侵现象发生。同时，反侵现象发生的过程中，高压气水形成快慢并不能决定压差的大小，其主要和水泥浆胶凝强度相关。水泥浆胶凝强度随着时间不断增大，同时反侵发生所需要的地层与环空压差也越大。固井过程中，随着水泥浆的侵入，传质前缘的推进也促进传热效率的提高，从而使水合物大量分解，产生游离气和水使得孔隙压力增大，阻碍水泥浆侵入速率。当保压卸去后，水泥浆侵入深度基本不再深入，而水化传热的继续发生使得水合物不停分解形成游离气和水，当局部游离气和水压力逐渐增大则驱替水泥浆后退，并侵入环空。

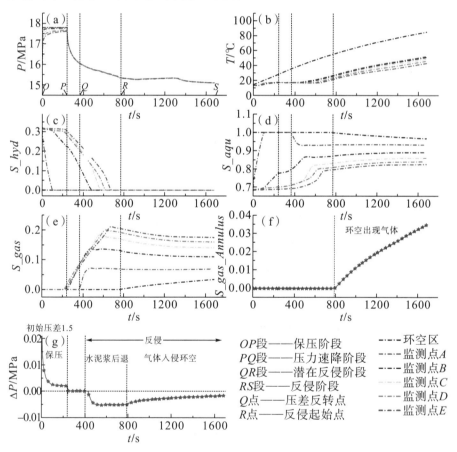

（a）地层压力；（b）地层温度；（c）地层水合物饱和度；（d）地层液体饱和度；
（e）地层气体饱和度；（f）环空气体饱和度；（g）环空与地层压力差

图 5.28　水泥浆侵入过程中环空与地层监测点主要物性变化规律

三、主要固井工艺参数对反侵烈度的影响

固井过程中，固井工艺参数对水合物分解、高压气水发育以及反侵的影响不一，从而所形成的固井水泥环质量也不尽相同。本节通过反侵时刻、反侵量等烈度参数，进一步评价主要水泥浆水化放热速率、固井压差和保压时长等固井工艺参数对反侵行为的影响。

（一）水泥浆水化放热速率

图 5.29 展示了不同固井压差对反侵行为的影响。当加压小于 2MPa 时，压差越高，反侵行为发生越早，最终的侵入量也越大。可以解释为随着压差增大，水泥浆侵入加深，水化放热过程中导致地层更大范围内水合物发生分解，形成高压游离气水，而此时压差依然相对较低，驱替进入地层的水泥浆无法对高压游离气水形成有效封堵和驱替，且侵入的深度相对较浅，高压气水驱替水泥浆的缓冲带较窄，从而反侵行为更容易发生。而当固井压差高于 2MPa 时，随着压差的升高，侵入行为发生时间推迟，最终的侵入量也较少。这是因为侵入地层的水泥浆足够提供良好的封堵，虽然深处水合物的分解量也在增多，但近井壁处的压力要高于地层深处，使得高压气水更多地向地层深处扩散，同时缓冲带随着水泥浆侵入的加深而变宽，能良好地阻止高压气水反侵入环空。从而，固井压差较小时，压差越大反侵行为越容易发生，当固井压差大于某一临界值时，固井压差越大，防止反侵发生的效果越好，但同时需要兼顾地层破碎压力、设备性能等。因此，现场固井作业中，应在地层破裂压力范围内选择相对较高的固井压差。

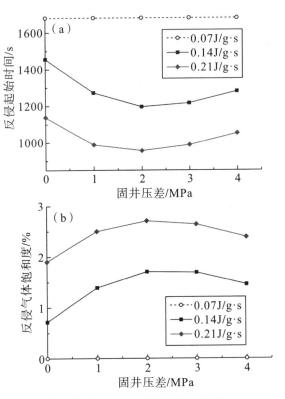

（a）反侵起始时刻；（b）反侵气体饱和度

图5.29　固井压差对高压气水反侵行为的影响

（二）固井压差

由上述分析可知，可以将环空中甲烷气体的最早出现时间（反侵起始时间）和饱和度作为研究反侵行为的主要指标。图5.30展示了不同固井压差下，水泥浆平均放热速率对地层高压气水反侵入水泥浆的影响规律。可以看出的一个直观趋势是，水泥浆放热速率越小，反侵起始时间越迟，最终反侵气体饱和度也越小。甚至，当水泥浆放热速率小于某一值时，无反侵行为发生，如实验中放热速率取最小值 $0.07J \cdot g^{-1} \cdot s^{-1}$ 时。这是因为水泥浆放热速率直接影响到地层温升的速度以及传热量，温升越快，水合物相平衡被打破得越快，反侵越容易发生。传热量越大，水合物分解量越大，所形成的高压气水强度越高，从而反侵烈度也越强。因此，现场固井施工作业中，在保证水泥浆/石主要性能的前提下，应尽可能选择水化热更低的水泥浆体系，以此最大化降低水合物分解对固井质量的影响。

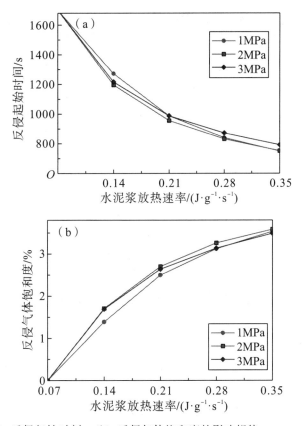

（a）反侵起始时刻；（b）反侵气体饱和度的影响规律

图 5.30　水泥浆平均水化放热速率对高压气水反侵行为的影响

（三）保压时长

图 5.31 展示了保压时长对反侵行为的影响。由图可知，当保压时长从 4min 延长至 10min 时，反侵发生时刻从 880s 推迟到 1175s，几乎呈线性增长。可以看出，随着保压时间延长，高压气水反侵环空发生的起始时间明显推迟，主要是由于保压时间越长，水泥浆持续侵入时间越长，侵入深度越深，从而高压气和水反侵入环空的路径越长。另外，较高的孔隙压力环境也有助于水合物相平衡稳定。与此同时，随着保压时间的延长，最终反侵入环空的气体也随之减少，当保压时长从 4min 延长至 10min 时，反侵量从 3.14％降低至 2.26％。

保压时间的延长似乎有助于降低高压气水反侵环空量，然而仅适用于较低水合物饱和度情况，当地层孔隙中饱和度逐渐增大时，高压气水反侵环空量先逐渐减小，然后又不断增大，如图 5.31 所示，由于保压时间的延长使得水泥浆侵入加深，增大传热速率，从而加速水合物分解。

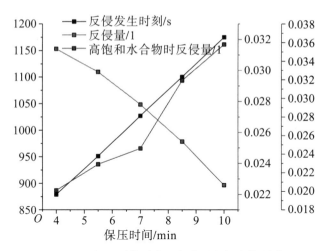

图 5.31 保压时长对高压气水反侵行为的影响

四、不同地质条件下高压游离气水反侵烈度

（一）水合物饱和度

水合物饱和度对高压气水反侵时刻与反侵量的影响如图 5.32 所示，当水合物饱和度从 23% 增大至 38% 时，反侵发生时刻从 1344s 缩短至 993s，当水合物饱和度在 38% 以上时，反侵发生时刻开始略微推迟。随着水合物饱和度的增大，反侵发生时间点先快速提前，之后逐渐变缓又略微推迟。水合物饱和度较小时，地层中水合物量并不高，分解产生的高压游离气水量相对较少，局部压力不大，且饱和度较小时水泥浆侵入深度较深，从而高压游离气水反侵路径较长。随着水合物饱和度的升高，高压游离气水量增多，局部压力增强，且反侵路径变短，从而使得反侵发生时间点提前。但当水合物饱和度过大时，孔隙中固体占比过多，地层渗透率低，从而使水泥浆侵入变缓，传热效率降低，水合物分解程度减弱，进而导致反侵难度变高。

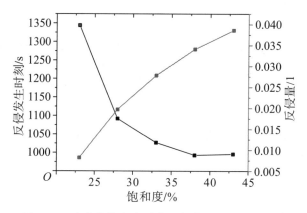

图 5.32　水合物饱和度对高压气水反侵行为的影响

与此同时，水合物饱和度从 23％ 增大至 43％ 时，反侵量从 0.82％ 增大到 3.86％，随着水合物饱和度的增大，最终反侵环空的气体量迅速增多，且逐渐呈变缓趋势。水合物饱和度对反侵量的影响呈单一的正相关性，随着水合物饱和度的增大，水合物分解量增多，虽然过大的饱和度导致分解程度降低，但总量依然呈现缓慢增长趋势。总体而言，水合物饱和度越大对固井质量的潜在影响越大。

（二）孔隙率

孔隙率对高压气水反侵行为的影响如图 5.33 所示，当孔隙率从 0.30 增大至 0.50 时，反侵发生时刻从 1140s 缩短至 956s，随着孔隙率的增大，反侵发生时刻大幅提前，基本呈线性关系。主要是由于孔隙率的增大一方面使容纳的水泥浆更多，从而水化放热量增多。另一方面，水合物含量也随着孔隙增大而变多。两方共同作用下，水合物分解速度变快，分解量增多，产生的高压游离气水也随之增多，从而反侵行为加剧并提前发生。类似的，随着孔隙率的增大，最终反侵量也随之增多，孔隙率从 0.30 增大至 0.50 时，反侵量从 1.67％ 提高到 3.90％。

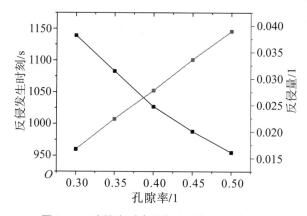

图 5.33　孔隙率对高压气水反侵行为的影响

（三）水合物相稳定系数

同样，利用水合物相温度差代替水合物相稳定系数，水合物相温度差取值为 6.5 和 8.0 时并未发生反侵。如图 5.34 所示，当水合物相温度差从 1℃增大至 5℃时，反侵发生时刻从 925s 延迟到 1500s，随着水合物相温度的增大，反侵发生时刻逐渐推迟。原因显而易见，水合物地层环境越稳定，水合物越难分解，相同的传热量所分解的游离气水越少，反侵行为发生越晚，甚至不发生。类似的，水合物相温度差从 1℃增大至 5℃时，反侵量从 3.54% 骤减至 0.47%，随着水合物相温度差的增大，最终反侵量也随之减少，原因与上相同。

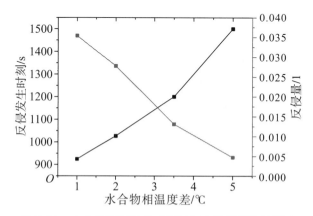

图 5.34　水合物相温度差对高压气水反侵行为的影响

第四节　高压游离气水反侵的临界条件判别模型

一、临界条件判别模型构建依据

设有 n 个自变量 x_1，x_2，$\cdots$，x_n，且自变量间及对结果的影响相互独立，则可以令方程如下：

$$F(x_1, x_2, \cdots, x_n) = g_1(x_1) + g_2(x_2) + \cdots + g_n(x_n) + k$$

其中：g_i（$i = 1$，2，$\cdots$，n）中无常数项；存在 $F(x_{1(0)}, x_{2(0)}, \cdots, x_{n(0)}) = k_0$；由于自变量的独立性，方程 $F(x_1, x_2, \cdots, x_n)$ 中不存在两个及以上未知量的项。

对方程 $F(x_1, x_2, \cdots, x_n)$ 进行推导如下：

步骤 1：令 x_2，x_3，$\cdots$，x_n 不变并取值 $x_{2(0)}$，$x_{3(0)}$，$\cdots$，$x_{n(0)}$，仅 x_1 变化，

原方程可转化为：
$$F(x_1) = g_1(x_1) + g_2(x_{2(0)}) + \cdots + g_n(x_{n(0)}) + k$$

令
$$g_2(x_{2(0)}) + \cdots + g_n(x_{n(0)}) + k = k_1$$

则有
$$F(x_1) = g_1(x_1) + k_1$$

步骤 2：已知 $(x_{1(1)}, F(x_{1(1)}))$，$(x_{1(2)}, F(x_{1(2)}))$，$\cdots$，$(x_{1(m)}, F(x_{1(m)}))$，对此 m 个已知点进行回归分析，可得方程：
$$F(x_1) = g_1'(x_1) + k_1'$$

其中，m 越大，回归结果越接近真实情况。假定 m 足够大，则有：
$$g_1(x_1) = g_1'(x_1)$$
$$k_1 = k_1'$$

步骤 3：对 x_2，x_3，$\cdots$，x_n 重复步骤 1、2，分别求得 $g_1(x_1)$，$g_2(x_2)$，$\cdots$，$g_n(x_n)$。

步骤 4：已知 $F(x_{1(0)}, x_{2(0)}, \cdots, x_{n(0)}) = k_0$，且已知 $g_1(x_1)$，$g_2(x_2)$，$\cdots$，$g_n(x_n)$，代入方程 $F(x_1, x_2, \cdots, x_n)$，求得 k 值。

基于上述推导，将其应用到主要固井工艺与地质参数上，n 取 6，即 x_1，x_2，$\cdots$，x_6；$x_{1(0)}$，$x_{2(0)}$，$\cdots$，$x_{6(0)}$，k_0 采用基准组的取值及结果；m 取实验组数，即 5~6 个，进行参数与指标间定量关系的回归分析，得出 $g_1(x_1)$，$g_2(x_2)$，$\cdots$，$g_6(x_6)$。

二、临界条件判别模型建立

(一) 反侵指标归一化处理

由于各参数量纲不一且数值差异较大，先对不同实验组数据进行归一化处理，公式如下：
$$y = \frac{x - X_{\min}}{X_{\max} - X_{\min}} \tag{5-11}$$

式中：y 为归一化处理后的指标数值；x 为指标数值；$X_{\max}$ 为指标数值集合中的最大值；$X_{\min}$ 为指标数值集合中的最小值。

归一化处理后的结果如表 5.4 所示。

表 5.4　反侵行为指标归一化处理结果

参数/单位	取值	取值（归一化）	反侵发生时刻/s	反侵发生时刻（归一化）	反侵量/1	反侵量（归一化）
孔隙率/1	0.30	0.00	1140	0.44	0.0167	0.43
	0.35	0.25	1075	0.34	0.0224	0.57
	0.40	0.50	1027	0.27	0.0278	0.71
	0.45	0.75	988	0.20	0.0336	0.86
	0.50	1.00	956	0.16	0.0390	1.00
指标极差（归一化）				0.28		0.57
水合物饱和度/%	23	0.00	1344	0.76	0.0082	0.21
	28	0.25	1092	0.37	0.0197	0.51
	33	0.50	1027	0.27	0.0278	0.71
	38	0.75	993	0.21	0.0341	0.87
	43	1.00	996	0.22	0.0386	0.99
指标极差（归一化）				0.55		0.78
水合物相温度差/℃	1.0	0.00	925	0.11	0.0354	0.91
	2.0	0.14	1027	0.27	0.0278	0.71
	3.5	0.36	1211	0.55	0.0131	0.34
	5.0	0.57	1500	1.00	0.0047	0.12
	6.5	0.79	未反侵	未反侵（>1）	0	0.00
	8.0	1.00	未反侵	未反侵（>1）	0	0.00
指标极差（归一化）				>0.89		0.91
水泥浆水化放热速率/(J·g^{-1}·s^{-1})	0.14	0.00	1480	0.97	0.0082	0.21
	0.21	0.25	1180	0.50	0.0210	0.54
	0.28	0.50	1027	0.27	0.0278	0.71
	0.35	0.75	924	0.11	0.0320	0.82
	0.42	1.00	856	0.00	0.0345	0.88
指标极差（归一化）				0.97		0.67

续表5.4

参数/单位	取值	取值（归一化）	反侵发生时刻/s	反侵发生时刻（归一化）	反侵量/1	反侵量（归一化）
固井压差/MPa	1.0	0.00	1027	0.27	0.0278	0.71
	1.5	0.25	1036	0.28	0.0273	0.70
	2.0	0.50	1064	0.32	0.0255	0.65
	2.5	0.75	1116	0.40	0.0229	0.59
	3.0	1.00	1182	0.51	0.0200	0.51
指标极差（归一化）				0.24		0.20
保压时长/min	4.0	0.00	880	0.04	0.0314	0.81
	5.5	0.25	951	0.15	0.0299	0.77
	7.0	0.50	1027	0.27	0.0278	0.71
	8.5	0.75	1100	0.38	0.0254	0.65
	10.0	1.00	1175	0.50	0.0226	0.58
指标极差（归一化）				0.46		0.23

（二）主要参数敏感性分析

敏感性是因素对指标结果影响的大小，与显著性类似，其大小与因素取值范围密切相关，此处用指标结果的极差进行表征，将影响固井过程中高压游离气水反侵行为的主要固井工艺与地质参数进行敏感性分析，并分为5个等级，结果如表5.5所示。因书中固井工艺与地质参数的取值基本涵盖一般水合物地层情况，故结果的适用性良好。

表5.5 固井工艺与地质参数对高压游离气水反侵行为影响的敏感性

	非常显著（0.8~1]	显著（0.6~0.8]	一般显著[0.4~0.6]	不显著[0.2~0.4)	极不显著[0~0.2)
反侵发生时刻	水合物相温度差（0.89）水泥浆水化放热速率（0.97）		水合物饱和度（0.55）保压时长（0.46）	孔隙率（0.28）固井压差（0.24）	
反侵量	水合物相温度差（0.91）	水合物饱和度（0.78）水泥浆水化放热速率（0.67）	孔隙率（0.57）	保压时长（0.23）固井压差（0.2）	

由结果可知，对于反侵发生时刻这一指标，水合物相温度差和水泥浆水化放热速率是影响最为显著的两个因素，水合物饱和度和保压时长的影响一般显著，而孔隙率和固井压差则对其影响较小。对于反侵量这一指标，水合物相温度差的影响最为显著，水合物饱和度和水泥浆水化放热速率较为显著，孔隙率的影响一般，而保压时长和固井压差对其影响较小。

综合而言，水合物相温度差、水泥浆水化放热速率和水合物饱和度是影响高压气水反侵行为最为显著的三个因素。在现场固井过程中，应该针对不同水合物地层情况，设计合适的固井工艺，其中水泥浆水化放热速率是关键。

（三）一元与多元回归分析

对表 5.4 中的参数与指标数据进行回归分析，结果如表 5.6 所示。

表 5.6　参数与反侵行为指标回归分析结果

参数	取值范围	反侵发生时刻 y_1	反侵量 y_2
孔隙率（x_1）	0～1	$y_1 = 0.44 - 0.42x_1 + 0.14x_1^2$ $R^2 = 0.9980$	$y_2 = 0.43 + 0.57x_1$ $R^2 = 0.9998$
饱和度（x_2）	0～1	$y_1 = 0.76 - 2.09x_2 + 2.72x_2^2 - 1.17x_2^3$ $R^2 = 0.9787$	$y_2 = 0.274 + 0.768x_2$ $R^2 = 0.9585$
水合物相温度差（x_3）	0～0.57	$y_1 = 0.07 + 1.54x_3$ $R^2 = 0.9668$	$y_2 = 0.90 - 1.42x_3$ $R^2 = 0.9865$
水泥浆水化放热速率（x_4）	0～1	$y_1 = 0.95 - 1.83x_4 + 0.90x_4^2$ $R^2 = 0.9867$	$y_2 = 0.22 + 1.33x_4 - 0.69x_4^2$ $R^2 = 0.9908$
固井压差（x_5）	0～1	$y_1 = 0.27 - 0.03x_5 + 0.27x_5^2$ $R^2 = 0.9997$	$y_2 = 0.71 - 0.03x_5 - 0.17x_5^2$ $R^2 = 0.9955$
保压时间（x_6）	0～1	$y_1 = 0.038 + 0.46x_6$ $R^2 = 0.9997$	$y_2 = 0.82 - 0.232x_6$ $R^2 = 0.9890$

结合上一节推导过程与假设条件，反侵发生时刻 y_1 与反侵量 y_2 的多元回归分析模型可表示如下：

$$y_1 = 0.44 - 0.42x_1 + 0.14x_1^2 + 0.76 - 2.09x_2 + 2.72x_2^2 - 1.17x_2^3 + 0.07 + 1.54x_3 + 0.95 - 1.83x_4 + 0.90x_4^2 + 0.27 - 0.03x_5 + 0.27x_5^2 + 0.038 + 0.46x_6 \tag{5-12}$$

$$y_2 = 0.43 + 0.57x_1 + 0.274 + 0.768x_2 + 0.90 - 1.42x_3 + 0.22 + 1.33x_4 - 0.69x_4^2 + 0.71 - 0.03x_5 - 0.17x_5^2 + 0.82 - 0.232x_6 \tag{5-13}$$

其中，将反侵发生时刻设为超出时间范围的相应值，将反侵量设为零，通过反演计算便可得出反侵发生时的临界条件。考虑到多解性，可通过增加限定条件或减少参数的方式实现，如固井过程中，根据已知地层地质条件，进行固井工艺设计时，对水泥浆水化放热速率与固井压差的取值计算。

三、模型准确性分析与临界判别条件

分别取两例对所建判别模型进行准确性验证，结果如表 5.7 所示。由表可知，判别模型的计算结果与数值模拟结果十分贴近，误差在 5.31% 范围内，精度较高，从而表明模型构建方法合理，计算准确性较高。当然，模型构建所使用的数据是基于数值模拟结果，其对于室内实验或现场实验结果同样有效。另外，由于水合物地层固井过程传质传热与多相态演变的复杂性，以及建模数据的参数取值范围的限定性，对模型准确性都有一定的影响。

表 5.7　判别模型准确性验证结果

参数			第一组	第二组
水泥浆水化放热速率/($J \cdot g^{-1} \cdot s^{-1}$)			0.2	0.35
固井压差/MPa			1	2
保压时间/min			7	8
孔隙率/1			0.4	0.5
饱和度/%			33	38
水合物相温度差/℃			3.5	1
指标	反侵发生时刻/s	实际	1451	859
		计算	1423	856
		误差	1.93%	0.35%
	反侵量/1	实际	0.00753	0.05428
		计算	0.00739	0.05288
		误差	5.31%	2.58%

为了更直观地体现高压气水反侵的临界条件，可通过反侵临界条件判别曲线进行呈现。选取水泥浆平均放热速率和固井压差两个参数，建立二维临界条件判别曲线，如图 5.35 所示，可根据反侵与未反侵区域快速判断出水泥浆平均放热速率和固井压差取值是否会造成反侵的发生。另外，对于多参数可建立多维度的临界条件判别曲线或曲面，如图 5.36 所示，从而用于指导不同水合物地层条件下固井工艺设计，提高固井质量。

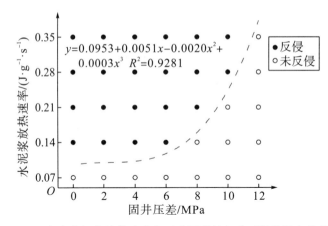

图 5.35 考虑水泥浆放热速率和固井压差的气水反侵临界条件曲线

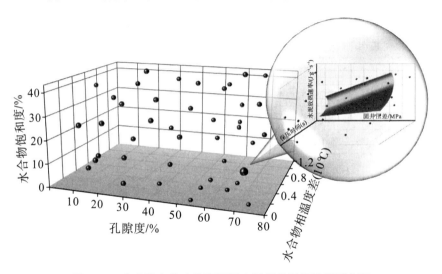

图 5.36 多参数多维度的高压气水反侵临界条件判别曲面

参考文献

[1] 张旭辉，鲁晓兵，李鹏. 天然气水合物开采方法的研究综述 [J]. 中国科学：物理学 力学 天文学，2019，49（3）：38−59.

[2] 申志聪，王栋，贾永刚. 水合物直井与水平井产气效果分析——以神狐海域 SH2 站位为 例 [J]. 海洋工程，2019，37（4）：107−116.

[3] 孙嘉鑫. 钻采条件下南海水合物储层响应特性模拟研究 [D]. 武汉：中国地质大 学，2018.

[4] Merey Ş. Drilling of gas hydrate reservoirs [J]. Journal of Natural Gas Science & Engineering，2016（35）：1167−1179.

［5］ Ravi K，Iverson B，Moore S. Cement—slurry design to prevent destabilization of hydrates in deepwater environment［J］. Petroleum Drilling Techniques，2009，24（3）：373—377.

［6］ Zheng M M，Liu T L，Jiang G S，et al. Large—scale and high—similarity experimental study of the effect of drilling fluid penetration on physical properties of gas hydrate—bearing sediments in the Gulf of Mexico［J］. Journal of Petroleum Science and Engineering，2019（187）：106832.

［7］ Ning F L，Zhang K N，Wu N Y，et al. Invasion of drilling mud into gas—hydrate—bearing sediments. Part I：effect of drilling mud properties［J］. Geophysical Journal International，2013，193（3）：1370—1384.

［8］ Fereidounpour A，Vatani A. An investigation of interaction of drilling fluids with gas hydrates in drilling hydrate bearing sediments［J］. Journal of Natural Gas Science & Engineering，2014（20）：422—427.

［9］ 郑明明，王晓宇，周珂锐，等. 南海水合物储层固井过程高压气水反侵临界条件判别［J］. 中南大学学报（自然科学版），2022，53（3）：963—975.

［10］ 郑明明，王晓宇，周珂锐，等. 深水油气固井水合物储层物性响应与高压气水反侵研究［J］. 煤田地质与勘探，2021，49（3）：118—127.

［11］ Kamath V A，Mutallk P N，Sira J H，et al. Experimental study of brine injection and depressurization methods for dissociation of gas hydrates［J］. SPE Formation Evaluation，1991，6（4）：477—484.

［12］ 唐良广，肖睿，李刚，等. 热力法开采天然气水合物的模拟实验研究［J］. 过程工程学报，2006，6（4）：548—553.

［13］ 万丽华，李小森，李刚，等. 热盐水分解甲烷水合物实验研究［J］. 现代化工，2008，28（7）：47—50.

［14］ 李淑霞，郝永卯，陈月明. 多孔介质中天然气水合物注热盐水分解实验研究［J］. 太原理工大学学报，2010，41（5）：680—684.

［15］ 涂运中，宁伏龙，蒋国盛，等. 钻井液侵入含天然气水合物地层的机理与特征分析［J］. 地质科技情报，2010，29（3）：110—113.

［16］ Sloan E D，Koh C. Clathrate hydrates of natural gases［M］. London：CRC Press，2008.

［17］ Wang X J，Wu S G，Lee M，et al. Gas hydrate saturation from acoustic impedance and resistivity logs in the Shenhu area，South China Sea［J］. Marine & Petroleum Geology，2011，28（9）：1625—1633.

［18］ Wang X，Hutchinson D R，Wu S，et al. Elevated gas hydrate saturation within silt and silty clay sediments in the Shenhu area，South China Sea［J］. Journal of Geophysical Research：Solid Earth，2011（116）：B05102，1—18.

［19］ Wu N Y，Yang S X，Zhang H Q，et al. Preliminary discussion on gas hydrate reservoir system of Shenhu area，North Slope of South China Sea［C］// Proceedings of the 6th International Conference on Gas Hydrates（ICGH 2008）. Vancouver，Canada，2008.

[20] Wu N Y, Yang S X, Zhang H Q, et al. Gas hydrate system of Shenhu area, Northern South China Sea: Wire－line logging, geochemical results and preliminary resources estimates [C] // Proceedings of the Offshore Technology Conference. Houston, USA, 2010.

[21] Yang S X, Zhang H Q, Wu N Y. High concentrations of hydrate in disseminated forms found in very fine－grained sediments of Shenhu area, north slope of South China Sea [C] // Proceedings of the 6th International Conference on Gas Hydrates (ICGH 2008). Vancouver, British Columbia, Canada, 2008.

[22] Zhang H Q, Yang S X, Wu N Y, et al. Successful and surprising results for China's first gas hydrate drilling expedition [J]. Fire in the Ice Newsletter, Fall. 2007: 9.

[23] 陈强, 胡高伟, 李彦龙, 等. 海域天然气水合物资源开采新技术展望 [J]. 海洋地质前沿, 2020, 36 (9): 44－55.

[24] Zhu H, Xu T, Zhu Z, et al. Numerical modeling of methane hydrate accumulation with mixed sources in marine sediments: Case study of Shenhu Area, South China Sea [J]. Marine Geology, 2020 (423): 106142.

[25] Nakai T, Tjok K, Humphrey G. Deepwater gas hydrate investigation Shenhu survey area South China Sea, offshore China [R]. Factual Field Report, Guangzhou Marine Geological Survey, Guangzhou, PR China, 2007.

[26] 吴能友, 张海啟, 杨胜雄, 等. 南海神狐海域天然气水合物成藏系统初探 [J]. 天然气工业, 2007 (9): 1－6, 125.

[27] Moridis G J. Tough＋hydrate v1.2 user's manual: A code for the simulation of system behavior in hydrate－bearing geologic media [EB/OL]. Berkeley: Lawrence Berkeley National Laboratory, 2014. //http: //escholarship. org/uc/item/3mk82656.

[28] Stone H. Probability model for estimating three－phase relative permeability [J]. Journal of Petroleum Technology, 1970, 22 (2): 214－218.

[29] Van G M T. A closed－form equation for predicting the hydraulic conductivity of unsaturated soils [J]. Soil Science Society of America Journal, 1980, 44 (5): 892－898.

[30] Moridis G J, Seol Y, Kneafsey T J. Studies of reaction kinetics of methane hydrate dissocation in porous media [J/OL]. Berkeley: Lawrence Berkeley National Laboratory, 2005. //https: //escholarship. org/uc/item/8q50w5cn.

[31] 吴学东, 胡明君. 混合盐水密度模型的建立及应用 [J]. 石油大学学报 (自然科学版), 1995, 19 (5): 42－46.

[32] Moridis G J. Numerical studies of gas production from methane hydrates [J]. SPE Journal, 2003, 8 (4): 359－370.

[33] 刘天乐, 郑少军, 王韧, 等. 固井水泥浆侵入对近井壁水合物稳定的不利影响 [J]. 石油学报, 2018, 39 (8): 937－946.

[34] 许明标, 王晓亮, 周建良, 等. 天然气水合物层固井低热水泥浆研究 [J]. 石油天然气

学报，2014，36（11）：134－137，8－9.

[35] 郑明明，蒋国盛，刘天乐，等. 钻井液侵入时水合物近井壁地层物性响应特征 [J]. 地球科学，2017，42（3）：453－461.

[36] Hester K C，Brewer P G. Clathrate hydrates in nature [J]. Annual Review of Marine Science，2009（1）：303－327.

[37] 何家雄，祝有海，陈胜红，等. 天然气水合物成因类型及成矿特征与南海北部资源前景 [J]. 天然气地球科学，2009，20（2）：237－243.

第六章　水合物地层控热固井水泥浆

第一节　相变微胶囊控热固井水泥浆

一、相变微胶囊及其制备

相变是指物质在系统能量增加（或减少时）而导致其原子结构产生变化的过程。相变可分为一级相变和二级相变两类，即在相变过程中同时伴随体积变化和吸放热过程的一级相变，以及相变过程中体积、热量不变，仅有热膨胀系数、热容等物理量变化的二级相变。当环境温度逐渐升高至相变点时，相变材料开始相变并吸收热量，将临近环境温度维持在相变点附近，直至吸收热量达到自身潜热；当环境温度下降至相变点时，相变材料开始相变并释放热量，将临近环境温度维持在相变点附近，直至吸收热量达到自身潜热。基于以上性质，各国学者开始研究相变材料在储能环保方面的应用。在实际使用中，固－固相变材料无疑是最优的，但是由于能够发生固－固相变的材料少，且固－固相变材料的相变温度一般较高，加之固－气、液－气间的相变会造成材料本身体积的巨大改变，结合实际生产应用，当前针对相变材料的研究仅限于固－液相变。

微胶囊化技术是指通过化学或者物理手段在芯材分散相表面包裹一层具有较高力学强度、密封性能好、化学性质稳定的高分子聚合物或无机难溶物，通常微胶囊粒径维持在 $2\sim1000\mu m$，如图 6.1 所示。将芯材微胶囊化有如下优点：①当芯材相变液化时，壁材可以阻碍芯材的泄露；②保障控温材料整体的力学性能稳定；③降低氧气、光、化学物质等外界环境对芯材的不良影响；④使芯材与外界环境隔离，降低有毒性芯材对环境的污染；⑤通过使用高导热性壁材，可以改善有机芯材对温度的敏感性。

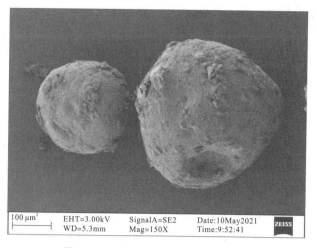

100 μm²	EHT=3.00kV	SignalA=SE2	Date:10May2021	ZEISS
	WD=5.3mm	Mag=150X	Time:9:52:41	

图 6.1 一种相变微胶囊的外观形貌

相变微胶囊固井水泥浆的基本原理是利用相变微胶囊内部的相变材料,在环境温度到达相变温度点以上时发生相变,吸收热量,降低水泥浆水化过程中的温升速率,从而维持水合物地层在固井过程中的稳定性。相变微胶囊固井水泥浆具有低热、流变性能优良和强度发育稳定的优点,因此在水合物资源开发领域具有良好的应用前景。

相变微胶囊的制备方法主要分为物理法、化学法和物理化学法等。其中有代表性的方法如下:化学法主要有原位聚合法、界面聚合法,物理法主要有喷雾干燥法。本章节主要介绍各种相变微胶囊制备工艺的原理和优缺点。

(一)原位聚合法

原位聚合法是将反应单体与引发剂全部加入分散相或连续相中,由于单体在单一相中是可溶的,而聚合物在整个体系中是不可溶的,因此聚合反应在分散相上发生。聚合单体首先形成预聚体,最终在芯材表面形成胶囊外壳。

工艺流程如图 6.2 所示。

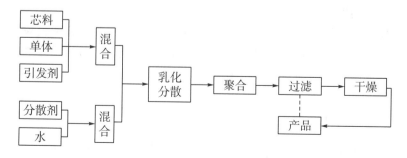

图 6.2 原位聚合法工艺流程

例如，在一定的搅拌速度下，将苯乙烯单体、过氧化月桂酰、二烯基苯及司盘80，以一定的比例加入反应器，然后慢慢地加入水。搅拌数分钟后，得到 W/O 型乳液；再将该乳液进行二次乳化，把它加到聚乙烯醇水溶液中，可得到 W/O 型乳液；调整搅拌速度，用氮气置换反应器内的空气，在 75℃下聚合数小时。该聚合反应发生在分散介质中，所形成的交联聚苯乙烯则向以水为芯材的水滴表面沉积形成壁膜。

原位聚合法的优点是该方法制备的微胶囊粒径尺寸与囊壁厚度易控制，工艺简单，成本低；缺点是该方法要求单体可溶，聚合物不可溶。

（二）界面聚合法

界面聚合法是将芯材物乳化或分散在一个有壁材的连续相中，然后在芯材物的表面通过单体聚合反应形成微胶囊。参加聚合反应的单体，一种是水溶性的，另一种是油溶性的，它们分别位于囊心液滴的内部和外部，并在囊心液滴的表面上反应形成聚合物薄膜。利用界面聚合法可以使疏水性材料的溶液或分散液微胶囊化，也可以使亲水性材料的水溶液或分散液微胶囊化。

在界面聚合法微胶囊化过程中，连续相与分散相均必须提供反应单体，一些易变的、不稳定的材料不适宜应用界面聚合法微胶囊化。界面聚合法微胶囊化产品很多，例如微胶囊化甘油、水、药用润滑油、胺、酶、血红蛋白等。

界面聚合法制备微胶囊的过程包括：①通过适宜的乳化剂形成油/水乳液或水/油乳液，使被包囊物乳化；②加入反应物以引发聚合，在液滴表面形成聚合物膜；③微胶囊从油相或水相中分离。在界面反应制微胶囊时，影响产品性能的很重要的因素是分散状态。搅拌速度、黏度及乳化剂、稳定剂的种类与用量对微胶囊的粒度分布、囊壁厚度等也有很大的影响。作为壁材的单体要求均是多官能团的，如多元胺、多异氰酸酯、多元醇等。反应单体的结构、比例不同，制备的微胶囊的性能也不相同。

界面聚合法的优点是工艺简单，反应单体纯度要求低，芯壁材配比要求不严，反应速率快，时间易控制，且包封率高；缺点是对反应单体活性要求较高，必须能够进行缩聚反应。

界面聚合法与原位聚合法的主要区别在于：在界面聚合法微胶囊化的过程中，分散相和连续相两者均要能够提供单体，而且两种以上不相容的单体分别溶解在不相容的两相中。而对于原位聚合法来说，单体仅由分散相或者连续相中的一个相提供。

（三）喷雾干燥法

喷雾干燥法是最常用和成本最低廉的微胶囊化方法。该法微胶囊造粒的原理如下：首先制备乳化分散相，即把芯材分散在已液化的壁囊材中混合形成溶液，后加入乳化剂，热分散体系经均质变成水包油型乳状液，最后进行喷雾干燥即可。

喷雾干燥法的工艺流程如下所示：

囊材和囊心物质→混合→均质、乳化→乳化液→在热空气中雾化和干燥→脱水→微胶囊产品。

喷雾干燥的过程主要包括 4 个部分：预处理、乳化部分、均质部分、喷雾干燥。

预处理过程主要是将芯材（如香科、油脂等）与壁材溶液混合（壁材一般是食品级的胶类，如明胶、植物胶、变性淀粉、糊精或非胶类蛋白质），然后加入乳化剂，经均质后形成水包油的乳状液，此溶液由泵送入喷雾干燥室，溶液经雾化后形成微小的球状颗粒，颗粒的外壁为水溶性物料。尽管喷雾干燥的过程处于中高温，但在造粒过程中外层水分快速蒸发时，芯材的温度可保持在 100℃ 以下，物料受热时间一般为几秒钟。

喷干法制造微胶囊的过程中，芯材与壁材的比例、进料的温度与湿度、干燥空气进出口温度等因素都会影响产品的质量：适当的范围内增加壁材含量可以大幅度提高包埋率；进料温度不能太高，必须考虑到低沸点挥发成分的挥发；提高空气入口温度可提高包埋率，降低表面的挥发物含量，且进料的固形物含量越高，这种作用就越强。

喷雾干燥法尤为适用于亲油性液体物料的微胶囊化，芯材的憎水性越强，包埋效果越好。该方法的主要优点：干燥速率高、时间短，物料温度较低，对干喷雾干燥工艺来说，虽然采用较高温度的干燥介质，但是液滴中有大量溶剂存在时，物料的表面温度一般不超过热空气的湿球温度，因此，非常适用于热敏性物质的干燥，产品纯度高，具有良好的分散性和溶解性；生产过程简单，操作控制方便，易于实现大规模工业化生产。

该方法的主要缺点：单位产品的耗热量大，设备的热效率低，介质消耗量大。另外，干燥器的体积较大，基建费用高。喷雾干燥的产品通常粒度较小，溶解性高，但在干燥时可能存在分散困难。喷雾干燥法的另一个问题是芯材有可能残存在微胶囊的表面，因此存在被氧化的可能，而氧化后的产品易产生异味。

二、相变微胶囊的性能表征

相变微胶囊的性能可以通过多种测试和表征手段进行评估。一般包括相变温度测定、相变潜热测定、粒径测定、形态表征、微观结构表征、动力学测试和微胶囊包覆率测试。

（一）相变温度测定

相变温度是相变微胶囊最基本的性能参数之一，其值通常可以通过热差法、热重分析等方法来测定。以下是相变微胶囊相变温度测定的一般步骤：

（1）准备相变微胶囊样品。通常，相变微胶囊样品需要经过充分的干燥处理，以去除可能存在的水分或其他杂质，从而确保测定的准确性和可靠性。

（2）进行热差实验。热差实验是通过将相变微胶囊样品与一个相同的参比样品一起放置在两个独立加热器内，然后测量它们之间的温度差异来确定相变温度。在实验前，需要将两个加热器调整至同一温度，以确保两个样品的初始状态相同。然后，将两个样品同时加热，并通过热电偶等温度传感器测量它们之间的温度差异。当相变微胶囊样品温度达到其相变温度时，相变开始发生，而参比样品温度则不发生明显变化。通过观察两者之间的温度差异，即可确定相变温度。

（3）进行热重分析。热重分析是通过连续记录样品质量和温度随时间的变化，确定相变温度所在的质量损失和温度变化点。在实验前，需要将相变微胶囊样品放置在热重分析仪中，并对仪器进行初始调整。然后，将样品加热至一定温度，记录质量和温度随时间的变化曲线。当相变微胶囊样品温度达到其相变温度时，会出现明显的质量损失和温度变化点，通过分析曲线即可确定相变温度。

需要注意的是，相变微胶囊样品的测定条件、测试仪器的精度和准确性等因素都会对测定结果产生影响，因此在进行相变温度测定时，需要保证实验条件的一致性和稳定性，以确保测定结果的可靠性和准确性。

（二）相变热测定

相变热是相变微胶囊的另一个重要性能参数，通常可以通过差示扫描量热法（DSC）等方法来测定。以下是相变微胶囊相变热测定的一般步骤：

（1）准备相变微胶囊样品。与相变温度测定相似，相变微胶囊样品需要经过充分的干燥处理，以去除可能存在的水分或其他杂质，从而确保测定的准确性和可靠性。

（2）进行差示扫描量热实验。差示扫描量热法是通过将相变微胶囊样品与一个参比样品一起加热或冷却，并测量它们之间的热流差异来确定相变热。在实验前，需要对仪器进行初始调整，确保其稳定性和准确性。然后，将相变微胶囊样品和参比样品同时加热或冷却，并记录它们之间的热流差异。当相变微胶囊样品发生相变时，会释放或吸收相应的相变热，从而导致热流差异。通过分析曲线，可以确定相变热的大小和相变温度。

需要注意的是，相变微胶囊样品的测定条件、测试仪器的精度和准确性等因素都会对测定结果产生影响，因此在进行相变热测定时，需要保证实验条件的一致性和稳定性，以确保测定结果的可靠性和准确性。同时，也需要根据实际情况选择合适的测试方法和仪器，并进行相应的数据处理和分析，以得到正确的相变热值。

（三）粒径测定

相变微胶囊的粒径大小是影响其性能的一个重要参数，可以通过多种方法来测定，包括激光粒度分析、电子显微镜观察等。以下介绍激光粒度分析法测定粒径：

（1）准备样品。相变微胶囊样品需要经过充分的干燥和分散处理，以保证测定结果的准确性。通常可以使用超声波处理仪将样品均匀分散在水或其他溶液中。

（2）进行激光粒度分析。将样品注入激光粒度分析仪中，启动仪器进行测量。激光粒度分析仪会利用激光束穿过样品，并测量样品中反射或散射激光的光强度和散射角度，从而确定样品的粒径大小分布。

（3）数据处理和分析。根据仪器的输出结果，可以得到相变微胶囊的平均粒径大小、粒径分布情况等参数。需要注意的是，激光粒度分析法对于不同形状和结构的微粒可能存在一定的误差，因此需要根据实际情况进行合理的数据处理和分析。

相变微胶囊的粒径大小还可以通过其他方法进行测定，例如电子显微镜观察、动态光散射分析等。在选择具体的测定方法时，需要考虑样品的特性、实验条件、仪器设备的可用性等多方面因素，并选择合适的方法和仪器进行测定。同时，为了保证测定结果的准确性和可靠性，还需要注意样品制备、处理和操作的细节，以避免可能的误差和干扰。

（四）形态表征

相变微胶囊的形态表征是评价其结构特征和性能的重要手段，可以通过多种方法进行，以下是其中两种常用的形态表征方法。

1. 扫描电子显微镜（SEM）观察

SEM 是一种常用的表面形态观察技术，可以获得高分辨率、高对比度的样品表面图像。使用 SEM 观察相变微胶囊的形态特征，可以了解其外部形貌、粒径大小和分布、表面形貌、孔隙结构等信息，如图 6.3 所示。

开展 SEM 观察需要先将样品处理和制备成适合 SEM 观察的形态。一般来说，相变微胶囊需要先经过干燥、分散处理，然后采用真空干燥、金属镀膜等方法制备成透射电镜（TEM）或 SEM 观察所需的样品形态。观察时需要使用 SEM 对样品进行扫描，并对所获得的电子显微图像进行处理和分析，以获取样品形态、粒径分布、表面结构等信息。

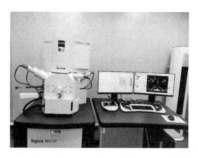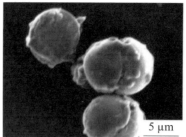

图 6.3　场发射电子显微镜和一种相变微胶囊的 SEM 图

2. 透射电子显微镜（TEM）观察

TEM 是一种高分辨率的成像技术，可以对样品内部结构进行详细观察。相对于 SEM 技术，TEM 技术更适合用于观察纳米级别的结构和形态特征，如图6.4 所示。

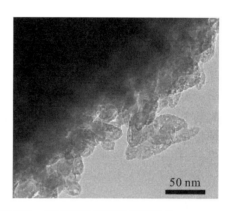

图 6.4　透射电子显微镜和一种相变微胶囊的 TEM 图

开展 TEM 观察需要先将样品处理和制备成适合 TEM 观察的形态。一般来说，相变微胶囊需要先经过干燥、分散处理，然后采用真空干燥、金属镀膜等方法制备成透射电镜（TEM）观察所需的样品形态。观察时需要使用 TEM 对样品进行透射成像，并对所获得的电子显微图像进行处理和分析，以获取样品内部结构和形态特征信息。

（五）微观结构表征

相变微胶囊的微观结构表征是评价其结构特征和性能的重要手段，可以通过多种方法进行，以下是其中两种常用的微观结构表征方法。

1. X 射线衍射（XRD）分析

XRD 是一种利用物质晶体衍射的方法，可以分析样品的晶体结构和晶格参数。通过 XRD 分析相变微胶囊的晶体结构，可以了解其晶体结构类型、结晶度、晶格常数和晶粒尺寸等信息。

开展 XRD 分析需要先将样品制备成粉末状，然后进行衍射分析。衍射实验通常需要使用 X 射线衍射仪对样品进行扫描，测定样品对 X 射线的反射或散射强度。通过对衍射数据的处理和分析，可以获得样品的晶体结构和晶格参数等信息。

2. 热重分析（TGA）

TGA 是一种通过加热样品并测量其质量变化情况来分析样品组成和热性质的方法。通过 TGA 分析相变微胶囊的热稳定性和热分解行为，可以了解其化学组成、热分解特点和相变热等信息。

开展 TGA 分析需要先将样品制备成粉末状，然后进行热分解实验。实验中需要使用热重仪对样品进行加热，同时测量样品的质量变化情况，并记录其热分解行为和相变特性等信息。

需要注意的是，在进行微观结构表征实验时，需要注意样品制备、处理和操作的细节，以避免可能的误差和干扰。同时，不同的表征方法所获得的结果可能存在一定的差异，需要综合考虑多方面因素，以全面了解样品的结构特征和性能表现。

（六）动力学测试

相变微胶囊的动力学测试是评价其相变性能的重要手段，可以通过多种方法进行，以下是其中两种常用的动力学测试方法。

1. 差示扫描量热法（DSC）

DSC 是一种通过控制样品加热或冷却，同时测量样品温度和热流变化情况，以分析样品相变特性和动力学行为的方法。通过 DSC 测试相变微胶囊的相变温度、相变热和相变速率等参数，可以了解其相变过程的动力学行为。

开展 DSC 测试需要使用差示扫描量热仪对样品进行扫描，实验中需要控制加热速率和冷却速率等参数，并测量样品的温度和热流变化情况。通过对 DSC 数据的处理和分析，可以获得样品的相变特性和动力学行为等信息。

2. 热重－差示扫描量热法（TGA－DSC）

TGA－DSC 是一种将热重分析和差示扫描量热法相结合的方法，可以同时测量样品的质量变化和热流变化情况，并分析样品的相变特性和动力学行为。通过 TGA－DSC 测试相变微胶囊的热分解特性和相变动力学，可以了解其相变过程的热学和动力学特征。

开展 TGA－DSC 测试需要使用 TGA－DSC 仪器对样品进行扫描，实验中需要控制加热速率和冷却速率等参数，并测量样品的质量变化和热流变化情况。通过对 TGA－DSC 数据的处理和分析，可以获得样品的热学和动力学特征，以全面了解其相变性能。

（七）微胶囊包覆率测试

相变微胶囊的包覆率是评价其性能的一个重要参数，可通过以下步骤进行测试。

首先，需要将相变微胶囊内的相变物质提取出来。可以采用以下两种方法。

（1）溶剂提取法：将相变微胶囊置于适当的溶剂中，使相变物质溶解，然后通过离心等方法分离出固体微胶囊。

（2）热处理法：将相变微胶囊加热至相变温度以上，使相变物质融化或升华，然后通过过滤等方法分离出固体微胶囊。

用显微镜观察微胶囊：将分离出的相变微胶囊制备成样品，然后使用显微镜观察微胶囊的形态和结构。可以使用光学显微镜或电子显微镜等仪器进行观察。通过观察微胶囊的外观、颜色、形状等特征，判断其是否存在包覆层，从而确定微胶囊的包覆率。

比重法是一种常用的测量微胶囊包覆率的方法，其基本原理是利用微胶囊内部的相变物质与外部液体的密度差异，测量微胶囊的浮力或重力变化，从而计算出微胶囊的包覆率。

具体操作步骤如下：将分离出的相变微胶囊置于水中，记录其浸入水中的深度；将微胶囊从水中取出，置于盐水中，记录其浸入盐水中的深度；通过计算微胶囊在水和盐水中的浸入深度差异，计算出微胶囊的浮力或重力差异；根据微胶囊和相变物质的密度，计算出微胶囊的包覆率。

三、相变微胶囊固井水泥浆性能评价

相变微胶囊固井水泥浆是一种新型的固井水泥浆，在油气井固井工程中应用广泛。相变微胶囊固井水泥浆具有高度可控的温度敏感性和储热性能，并能够在固井工程中自适应地调节其流动性和力学性能，以满足固井质量和固井效果的要求。为了保证相变微胶囊固井水泥浆的性能和可靠性，需要对其性能进行评价和测试。

相变微胶囊固井水泥浆的性能评价指标主要包括以下几个方面。

（一）流动性能

相变微胶囊固井水泥浆的流动性能是其重要的性能指标之一。流动性能包括黏度、流动度等指标。黏度是指水泥浆在单位剪切力下的流动阻力。流动度是指水泥浆在不同剪切速率下的流动性能。流动性能直接关系到水泥浆的充填能力、泵送能力和流动稳定性。

常用的相变微胶囊固井水泥浆流动性能测试方法有以下几种。

旋转圆盘法：将相变微胶囊固井水泥浆样品置于旋转圆盘上，通过调节圆盘的旋转速度和倾斜角度，测量样品在不同转速下的流动性能，如黏度和流动度。这种方法的优点是简单易行，结果可重复性好，但其测试结果不太适用于高黏度的样品。

压缩性能测试：将相变微胶囊固井水泥浆样品放置于试验器中，通过施加压力和测量样品变形程度，来反映其流变性能。这种方法可以测量高黏度的样品，但操作难度较大，需要经验丰富的测试人员进行操作。

流变学测试：通过测量样品受到不同剪切应力下的流变变化，如剪切应力和剪切速率等指标，来评估相变微胶囊固井水泥浆的流变特性。这种方法适用于各种类型的样品，但测试设备和条件要求较高。

（二）力学性能

相变微胶囊固井水泥浆的力学性能也是其重要的性能指标之一。力学性能包括抗拉强度、抗压强度、黏结强度等指标。抗拉强度和抗压强度是指水泥浆在拉伸和压缩作用下的抵抗能力。黏结强度是指水泥浆与井壁、油管等固体表面的黏结能力。力学性能直接影响固井质量和固井效果。

常用的相变微胶囊固井水泥浆力学性能测试方法有以下几种。

抗拉强度测试：将相变微胶囊固井水泥浆样品制成标准试件后，通过拉伸试验测量样品在受力下的最大承载能力和破坏强度，来反映样品的抗拉强度。这种方法适用于测量固化后的样品的力学性能，但需要考虑制备试件的过程对样品性能的影响。

压缩强度测试：将相变微胶囊固井水泥浆样品制成标准试件后，通过压缩试验测量样品在受力下的最大承载能力和破坏强度，来反映样品的压缩强度。这种方法适用于测量固化后的样品的力学性能，但同样需要考虑试件制备对样品性能的影响。

硬度测试：通过在样品表面施加静态压力或冲击力，测量样品在受力下的表面硬度和抗划伤性能，来反映样品的硬度和耐磨性能。这种方法适用于测量固化后的样品的硬度和耐磨性能。

（三）微胶囊分布性能

相变微胶囊固井水泥浆的独特性能之一是微胶囊分布性能。微胶囊分布性能包括微胶囊的分布情况、分布密度等指标。微胶囊分布性能直接影响到水泥浆体系的稳定性和控制性能，对于相变微胶囊固井水泥浆的性能和可靠性有着至关重要的作用。

常用的相变微胶囊固井水泥浆微胶囊分布性能测试方法有以下几种：

视觉观察法：采用显微镜等观察装置观察固井水泥浆中微胶囊的分布情况，

通过视觉观察来评估微胶囊的分布均匀性和稳定性。这种方法简单易行，但结果受到测试人员的主观因素影响较大。

X 射线成像法：利用 X 射线成像技术，对固井水泥浆中微胶囊的分布情况进行成像，通过图像处理技术来分析微胶囊的分布均匀性和稳定性。这种方法具有非常高的准确性和可重复性，但设备成本较高。

热成像法：利用红外热成像技术，对固井水泥浆中微胶囊的热释放情况进行成像，通过图像处理技术来分析微胶囊的分布均匀性和稳定性。这种方法比较简单易行，但对热释放能力有一定的要求。

（四）稳定性

相变微胶囊固井水泥浆的稳定性也是其重要的性能指标之一。稳定性包括凝结时间、膨胀系数、分层现象等指标。凝结时间是指相变微胶囊固井水泥浆从开始搅拌到开始凝结的时间，也就是浆体从液体状态到固体状态的转化时间。膨胀系数是指相变微胶囊固井水泥浆固化后的体积变化率，受到固井水泥浆配比、固井条件、固井过程中的温度变化等因素的影响。分层现象是指相变微胶囊固井水泥浆在固化过程中出现的分层现象。

常用的相变微胶囊固井水泥浆稳定性测试方法如下。

静置试验法：静置试验法是评估固井水泥浆稳定性的常用方法之一。相变微胶囊固井水泥浆经过充分搅拌后，将样品放置在恒温恒湿箱内静置一段时间，观察样品在不同时间内的沉淀、分层和析出情况，评估其稳定性。此方法简单易行，但测试时间较长。

微观观察法：微观观察法是通过显微镜观察相变微胶囊固井水泥浆样品的微观形态和结构变化，以评估其稳定性。将样品取出后，在显微镜下观察微胶囊的形态、数量和分布情况，评估其稳定性。此方法对显微镜要求较高，且测试结果较为主观。

沉降试验法：沉降试验法是通过观察样品在一定时间内的沉降高度，评估相变微胶囊固井水泥浆的稳定性。将样品倒入试管中，将试管静置一段时间后，观察样品在试管中的沉降高度和分层情况，评估其稳定性。此方法操作简单，但结果易受温度、震动等因素影响。

能量分散 X 射线光谱法：能量分散 X 射线光谱法是通过测定样品中各种元素的含量来评估固井水泥浆的稳定性。将样品制成薄片，然后使用 X 射线荧光光谱仪测定样品中的元素含量，通过分析各元素的含量变化，评估样品的稳定性。此方法测试结果准确，但设备成本较高。

（五）环保性

相变微胶囊固井水泥浆的环保性通常涉及环境影响评价、可降解性评价、能源消耗评价和毒性评价。环境影响评价包括对土壤、水体、空气、生物等的影响程度。此外，还需要考虑使用过程中可能造成的噪声、振动、废气等环境问题。可降解性评价反映了产品在使用后是否会对环境造成污染和危害，如果产品可以快速降解并转化为无害物质，则具有较好的环保性。能源消耗评价是指相变微胶囊固井水泥浆的生产和使用过程中能源消耗情况。相变微胶囊固井水泥浆的毒性也是评价其环保性的重要指标之一。如果产品中含有毒性成分或者使用过程中会释放有毒物质，则会对环境和人体健康造成危害。

测试相变微胶囊固井水泥浆的环保性主要从以下几个方面进行。

毒性测试：包括急性毒性测试和慢性毒性测试。急性毒性测试是评估相变微胶囊固井水泥浆对人体和环境的短期危害程度。慢性毒性测试是评估相变微胶囊固井水泥浆对人体和环境的长期危害程度。

生物降解性测试：评估相变微胶囊固井水泥浆在自然环境中的降解速度和降解产物对环境的影响。

环境行为测试：评估相变微胶囊固井水泥浆在环境中的行为和对环境的影响，包括生物富集和环境污染等。

化学物质测试：测试相变微胶囊固井水泥浆中化学物质的种类和含量，包括有机物和无机物等。

以上测试方法可以采用标准的化学分析方法、环境监测方法、生物学分析方法等进行。

在测试相变微胶囊固井水泥浆性能时，需要注意的是：样品的制备要严格按照工艺要求，确保样品的浓度和比例正确，且混合均匀；实验设备的使用要严格按照规定，保证实验的可重复性和准确性；测试条件需要与实际应用条件尽可能相似，考虑因素有温度、压力和时间等；测试结果需要进行统计和分析，并与相关标准和规定进行比对，以评估样品的流动性能是否符合要求。

四、相变微胶囊固井水泥浆在水合物地层的热效应

相变微胶囊固井水泥浆是一种新型的固井材料，其中含有相变微胶囊。相变微胶囊固井水泥浆在水合物地层的热效应指的是，当这种水泥浆在固井作业中与水合物地层接触时，相变微胶囊中的相变材料会吸收或释放热量，从而产生温度变化，对水合物地层的热力学特性产生影响。

水合物地层是一种新型的天然气资源，其开采具有很高的技术难度和环境风险。在固井作业中，需要使用高温高压的水泥浆进行固井，但过高的温度会破坏水合物地层的热力学平衡，引起水合物的分解和挥发，降低天然气的产量和质量。因此，在水合物地层的固井作业中，需要使用具有调节温度功能的固井材

料，以保护水合物地层的热力学平衡。

相变微胶囊固井水泥浆中的相变材料可以吸收或释放热量，从而实现温度的调节。当温度超过相变温度时，相变材料会吸收热量，从而降低水泥浆的温度；当温度低于相变温度时，相变材料会释放热量，从而提高水泥浆的温度。相变微胶囊固井水泥浆的热效应可以起到降低水泥浆温度、改善水泥浆的流变性能、保护水合物地层热力学平衡等作用，从而提高固井作业的效果。

相变微胶囊固井水泥浆在水合物地层热效应的作用主要有以下几个方面：

（1）调节水泥浆的温度。相变微胶囊固井水泥浆中的相变材料可以吸收或释放热量，从而实现温度的调节，使水泥浆的温度不超过水合物的稳定温度范围，保护水合物的热力学平衡。

（2）改善水泥浆的流变性能。相变微胶囊固井水泥浆中的相变材料吸收或释放热量时会产生体积变化，这可以改善水泥浆的流变性能。在温度超过相变温度时，相变材料吸收热量使得水泥浆的体积膨胀，从而降低水泥浆的黏度和密度；在温度低于相变温度时，相变材料释放热量使得水泥浆的体积收缩，从而提高水泥浆的黏度和密度。这种温度敏感的流变性能可以提高水泥浆在井眼中的附着性和封隔性，保证固井效果。

（3）保持水合物地层的物理性质。水合物地层的物理性质受温度的影响较大，过高或过低的温度都会引起水合物的分解和挥发，导致天然气的损失和质量下降。相变微胶囊固井水泥浆中的相变材料可以调节水泥浆的温度，保持水合物地层的物理性质，从而保证天然气的产量和质量。

（4）减少固井环境对水合物地层的影响。固井作业过程中产生的热量和压力都会对水合物地层的热力学平衡和物理性质产生影响。相变微胶囊固井水泥浆的温度调节和流变性能改善可以减少固井环境对水合物地层的影响，保护水合物地层的稳定性。

第二节　液体减轻剂控热固井水泥浆

液体减轻剂是一种广泛应用于油田开采、地质勘探等领域的固井水泥浆添加剂，其主要作用是降低水泥浆的密度和黏度，使水泥浆更易于泵送，从而减轻井筒压力、降低钻头磨损、防止井壁塌陷等。除此之外，液体减轻剂具有能使水泥浆体系稳定，提高水灰比，控制自由水，使水泥浆获得触变性，有利于浆体移动和返回的功能，多用于中、低密度体系水泥浆。在深水固井中，Schlumberger、Halliburton、Baker Hughes 三大国际石油服务巨头研发了相关的液体减轻深水固井用低温低密度水泥浆体系。中海油田服务股份有限公司也相应开发出一种新型液体减轻材料 PC-P81L，并以其为主体构建出深水固井液体减轻低密度水泥浆体系。该体系通过增大水灰比降低水泥浆密度，可提高水泥浆的造浆率，减少现场水泥用量；配方简单易调节，外加剂以全液体形式添加，减小了现场工作人员的劳动强度；同时满足深水低温环境下的水泥浆性能要求，为下部钻进提高保障；液体减轻水泥浆体系作业成本较漂珠体系也大幅度降低[2,3]。

一、液体减轻剂及其在水泥浆中的应用

液体减轻剂是通过改变水泥浆中的物理和化学特性来降低密度，具有良好的分散性、降低黏度和增强流动性等特性。液体减轻剂通常分为两类，即有机减轻剂和无机减轻剂。有机减轻剂是一种高分子化合物，其分子结构中含有大量的羧酸基团和磺酸基团，能够与水泥颗粒表面形成化学键，从而降低水泥浆的密度。无机减轻剂则是一种以铝、钙、钠等元素为主要成分的有机酸盐，通过溶解水泥颗粒表面的碱性离子来降低水泥浆的密度。表 6.1 总结了常用液体减轻剂的性能。

表 6.1　液体减轻剂性能汇总

	材料分类		液体减轻剂赋予水泥浆的性能优点
天然材料	自然材料	脂肪酸盐、树脂酸盐、皂化物、植物油和动物油等	优点：成本低廉、易于获取
	有机化合物	甲酸钠和甲酸钾等有机盐、柠檬酸、木质素磺酸盐、葡萄糖酸盐等	优点：降低水泥浆密度，提高流动性和可加工性
人造材料	纳米材料	液体纳米微硅、DA-83L、PC-81L 等	优点：密度可调，悬浮稳定性好；可产生填充效应、火山灰效应、晶核效应，增强效果好，具有促凝作用
	聚合物	甲基丙烯酸甲酯共聚物（MAP）、甲基丙烯酸甲酯/苯乙烯共聚物（MBS）等	优点：降低水泥浆密度，提高流动性

随着不同使用环境的出现，越来越多的新型液体减轻剂被生产。总的来说，液体减轻剂的选择取决于水泥浆系统的具体要求和最终水泥的所需性质。目前，液体减轻剂在水泥浆中的应用主要有以下几个方面。

（一）降低水泥浆密度

根据固井作业工况需求，可以调整设计液体减轻剂取代水泥量来降低水泥浆的密度，使水泥浆的密度可调，能够满足在不同地层条件下的固井作业要求。

（二）提高水泥浆的流动性

液体减轻剂还能够提高水泥浆的流动性，从而增加钻井作业的效率。在固井作业中，需要将水泥浆输送到井底，而如果水泥浆的流动性不好，会导致输送困难和效率低下。使用液体减轻剂可以改善水泥浆的流动性，提高输送效率。

（三）提高水泥浆的稳定性

液体减轻剂还能够提高水泥浆的稳定性，从而保证固井作业的稳定性。在高温高压条件下，水泥浆容易发生分层和析水现象，从而影响固井作业的稳定性。而使用液体减轻剂可以降低水泥浆的密度和黏度，减少分层和析水现象的发生。

（四）降低水泥浆的水化热量

固井过程中，水泥浆的放热量主要来源于水泥的水化放热。油井水泥的主要成分为硅酸三钙（C_3S）、硅酸二钙（C_2S）、铝酸三钙（C_3A）、铁铝酸四钙（C_4AF）等。其中硅酸三钙（C_3S）的含量占总量的50%以上，相比于其他三种固相成分，C_3S是水泥浆放热的主要贡献者。由于液体减轻剂中含有的低导热材料，减轻剂的部分取代水泥能够降低水泥凝固过程中释放的热量，达到降低水化热的目的。

二、液体减轻剂控热固井水泥浆的制备

（一）液体减轻剂的制备方法

液体减轻剂的制备方法根据不同的原料和制备工艺而异。一般来说，制备液体减轻剂的方法包括以下步骤。

（1）原料准备：根据液体减轻剂的类型选择适当的原料，对原料进行加工、筛分、清洗等处理。

（2）反应器选择：选择适合的反应器，根据需要加热或加压，控制反应时间和温度。

（3）投加添加剂：在反应器中添加催化剂、酸碱度调节剂、抗氧化剂等辅助剂，促进反应的进行。

（4）反应过程：将原料加入反应器中，控制反应时间和温度，使化学反应发生，产生液体减轻剂。

（5）过滤和分离：将反应混合物经过过滤和分离处理，得到液体减轻剂。

（6）精制和包装：对液体减轻剂进行精制处理，去除杂质和不纯物，然后进行包装和存储。

（二）液体减轻剂控热固井水泥浆制备流程

根据目标地层的参数和固井需求，设计完成对应的液体减轻剂体系（确定体系液体减轻剂加量、配浆密度、水灰比、外加剂加量等）后，参照《油井水泥试验方法》（GB/T 19139—2012）和 *Recommended Practice for Testing Well Cements*（API RP 10B-2-2013）进行配浆。基础制作流程如下：首先准备好制备水泥浆所需的仪器（电子天平、水泥浆搅拌机）、实验材料（油井水泥、液体减轻剂、拌和水、外加剂等）。固体材料在加入拌和液体中之前，先要称量，然后充分混合均匀。将装有所需质量拌和水和液体外加剂的搅拌杯放在搅拌器底座上，启动电机并保持 4000r/min±200r/min 的转速。如果拌和水中有外加剂，则在加入水泥之前先以该转速搅拌，使外加剂在拌和水中完全分散。在某些情况下，将外加剂加到拌和水中的顺序可能很关键。记录任何特殊的搅拌步骤和搅拌时间。在 15s 之内，将水泥或水泥/固体外加剂混料均匀地加入搅拌杯中。

三、液体减轻剂控热固井水泥浆性能评价

针对深水表层的水合物层固井，常规的水泥浆体系由于水化放热量大导致水合物地层的吸热分解，从而引发窜流等问题。在运用液体减轻剂控热固井水泥浆体系来解决这一问题时，通常需要关注以下几个关键性能指标。

（一）水泥浆的密度

水泥浆的密度对深水固井有很大的影响。水泥浆密度过低，会造成候凝期间大量失水、析水，导致水泥环强度低；密度过高，会造成水泥浆流动性能差，混拌、泵送困难，产生的阻力高，严重时产生憋泵事故；水泥浆密度不均匀，会使环空内的水泥浆凝结时间不同，出现"桥堵"现象，造成混窜，对固井质量有很大影响。选择合适的密度非常重要，液体减轻剂水泥浆体系的水泥浆密度一般在 $1.4g/cm^3$ 左右，这种体系的密度可调，但可调范围较小。

（二）水泥浆的失水

过多的失水会使水泥浆流变性变差，降低水泥浆顶替效率，还会严重影响水泥浆的析水量。液体减轻剂的控水效果良好，该体系水泥浆的水量一般在 50mL 以下。

（三）水泥浆的流变性

固井水泥浆的流变性能是水泥浆配方设计及固井作业的重要物理参数。在可泵时间（稠化时间）内，水泥浆应具有良好的流变性能以满足注水泥作业的顺利进行，优化顶替效率。影响水泥浆流变性能的因素很多，具体包括：水灰比、水泥粒度分布及化学组分、外加剂种类及掺量、温度和压力等，这些因素使得水泥浆的流变学研究变得困难。液体减轻剂水泥浆体系通过增大水灰比降低水泥浆密度，提高了水泥浆的造浆率，减少了现场水泥用量；配方简单易调节，外加剂以

全液体形式添加，减小了现场工作人员的劳动强度；同时满足深水低温环境下的水泥浆性能要求，为下部钻进提高保障；增大水灰比可以明显改善水泥浆的流变性能，增强水泥浆的可泵性。当水灰比为 0.40～0.55 时，随着水灰比的增大，流性指数逐渐增大，稠度系数则明显减小。继续增大水灰比（即水灰比＞0.55时），稠度系数的变化趋于平缓，而流性指数则出现一定程度的减小，说明增大水灰比可在一定程度上起到改善水泥浆流变性能的作用。

（四）水泥浆的稠化时间

水泥浆的稠化时间要考虑水泥浆在井底和水泥浆返高处的温度差影响，稠化时间要满足整个固井注替时间要求，水泥浆初始稠度不大于 30BC，在 40BC 后稠度迅速发展，在 10～15min 内达到 100BC，曲线陡直，拐点清晰，呈接近直角形状。液体减轻剂的水泥浆体系几乎可以达到"直角稠化"。

（五）水泥石的力学性能

水泥石的强度是一项非常重要的工程性能指标，水泥石的强度性能直接关系到固井水泥环的储层封隔完整性，因此，研究液体减轻剂和控温材料对水泥石抗压强度的影响非常重要。不同种类的液体减轻剂掺入对水泥石的强度影响不同。

（六）水泥浆体系沉降稳定性

液体减轻剂在用于设计低密度固井水泥浆体系时，保证体系的沉降稳定性至关重要。较差的沉降稳定性能会导致水泥浆性能失稳，使上部水泥环胶结疏松、强度低，无法有效封隔地层；而下部水泥浆则沉降严重，容易引发憋泵和压漏地层等复杂情况，进而导致固井失败和层间封隔失效，严重影响固井质量和施工安全[4]。水泥浆沉降失稳现象如图 6.5 所示。水泥浆沉降失稳主要发生在水泥浆早期水化过程中，此时水泥浆处于颗粒状悬浮液状态，由固相（油井水泥、外掺料等）和液相（外加剂和水等）组成，由于材料密度差异（水泥＞外掺料＞水＞减轻材料），导致固相颗粒在重力、浮力及颗粒间结构力的作用下容易发生沉降失稳现象[5]。

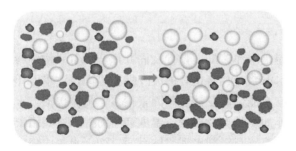

图 6.5　水泥浆沉降示意（左）与沉降稳定性能差的水泥浆（右）

（七）水泥石的抗渗能力

水泥石是一种多孔材料，档期周围有压力差（或浓度差、温度差、电位差）时，就会有服从流体力学的介质迁移，即渗透。这对水泥石的寿命影响很大。

（八）经济性

相比固体减轻剂（如漂珠等），液体减轻剂的成本相对较低。水及硅酸钠属于液体减轻剂，其优点是价格低，无须投入新的设备。

以中海油田服务股份有限公司设计的 PC－P81L 液体减轻剂为例[3]。PC－P81L 是一种含有无定形 SiO_2 的水性分散体，为无色透明液体，pH 值为 9～10，固相含量为 35％～50％，密度为 $1.18～1.22g/cm^3$。PC－P81L 可迅速与水泥反应产生交联结构，使浆体增稠，提高稳定性。图 6.6 显示了在室温下，使用密度为 $1.30g/cm^3$、水灰比为 2 的空白低密度水泥浆和混配 PC－P81L 液体减轻剂的低密度水泥浆，对比配制不同时间后的浆体稳定性。由图 6.7 可知，空白低密度水泥浆在配制 5min 和 30min 后自由水明显，沉降严重；加入 PC－P81L 的低密度水泥浆在配制 5min 和 30min 后，浆体稳定，无自由液和沉降产生，且能够使用海水配浆，说明 PC－P81L 具有高悬浮性，最高可悬浮水灰比为 2 的水泥浆，可实现通过提高水灰比降低水泥浆密度的要求。这主要是由于液体减轻剂中的无定形 SiO_2 可迅速与水泥反应产生交联结构，使浆体增稠，提高稳定性。另外，该水泥浆体系的稠化曲线表现出较为明显的"直角稠化"特征，如图 6.7 所示。

　　　　　5 min　　　　　　　　　30 min

图 6.6　低密度水泥浆配置不同时间后的浆体稳定性。

注：左杯为添加了 15％的 PC－P81L，右杯为空白浆体。

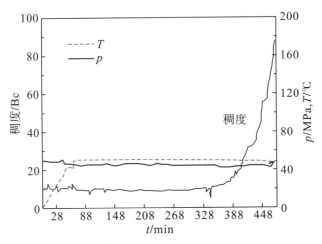

图 6.7　PC−P81L 液体低密度水泥浆稠化曲线

对比不同加量 PC−P81L 在 24h 和 48h 水泥石强度变化（见表 6.2）发现，随着 PC−P81L 加量的增加，水泥石强度逐渐增大，说明 PC−P81L 具有一定的增强作用。增强机理主要是 PC−P81L 中的无定形 SiO_2 与水泥水化产物中有害成分 $Ca(OH)_2$ 反应，生成有强度的 C—S—H 凝胶，即"火山灰效应"，提高了水泥石早期强度。

表 6.2　液体减轻剂 PC−P81L 对低密度水泥石强度的影响

PC−P81L/%	ρ/(g/cm³)	BHST 为 30℃时的抗压强度	
		P_{24h}/MPa	P_{48h}/MPa
空白	1.40	0.9	1.4
10	1.40	1.2	1.8
15	1.40	1.5	2.3
20	1.40	1.9	3.1
25	1.40	2.6	3.9

四、液体减轻固井水泥浆在水合物地层的热效应

热效应是指在一定温度下，体系在变化过程中放出或吸收的热量。当海洋深水表层紧邻水合物地层时，在固井水泥浆水化放热的影响下，井眼周围环境温度升高，改变了周围水合物层的温度条件，易造成水合物大量分解，释放出的大量气体会侵入水泥浆内，导致本已胶结良好的水泥环与井壁之间出现微环空等使固井质量下降的问题，且气体不断地向上喷发，导致井喷事故，严重时可能发生局部塌陷，甚至破坏整个层位，形成恶性循环，使周围的水合物全部分解，最终导

致固井失败等一系列问题。因此，减缓固井水泥浆水化放热速率是保障水合物地层固井安全的重要因素。为提高水合物地层固井质量，可向水泥浆中添加具有吸热控温作用的液体减轻剂，制备液体减轻剂控热固井水泥浆可有效降低固井水泥浆的水化升温。

第三节　固体减轻剂控热固井水泥浆

水泥浆固体减轻剂控热技术的发展历程可以追溯到 20 世纪 60 年代，当时石油工程领域出现了控制固井水泥浆温度的需求。最初的方法是添加天然轻质骨料，如木屑和稻壳，以减轻水泥浆的密度，并在混合过程中释放水分来降低水泥浆的温度。

随着时间的推移，研究人员开始开发新的固体减轻剂，例如聚苯乙烯微珠和硅酸盐微珠，它们具有更好的控热性能和稳定性。此外，随着对控热技术的深入研究，人们逐渐发现不同类型的固体减轻剂对水泥浆性能的影响也有所不同。因此，研究人员开始开发具有特定性能的固体减轻剂，以满足特定的固井需求。

近年来，随着油气开采环境和技术的不断升级，控热固井技术也得到了广泛的应用。固体减轻剂作为控热固井技术中的重要组成部分，其性能不断得到提升和优化，以满足不同场合下的需求。

一、固体减轻剂及其在水泥浆中的应用

固体减轻剂是指低热轻质材料或空心材料，主要用于控制热固井水泥浆的密度，同时还能减少水泥浆在硬化过程中释放的热量，防止温度升高过快或过高，从而避免水泥凝结过快、温度较高造成的不良影响，以满足不同井深和地层条件下的固井要求。

当前，常用的低密度矿物材料主要有粉煤灰、空心玻璃微珠、漂珠、微硅、岩沥青、膨胀珍珠岩、蛭石、矿渣、偏高岭土等[6]，如图 6.8 所示。这些轻质材料的密度和胶凝性能均低于水泥颗粒，能在降低密度的同时降低水泥浆的水化热。部分具有火山灰活性的低密度材料可以通过水化反应消耗游离的氢氧化钙，降低水泥环的酸敏性和温敏性。基于上述材料，国内外研究者开发了一系列低密度固井水泥浆体系，目前应用较为广泛的主要包括粉煤灰低密度水泥浆、空心玻璃微珠低密度水泥浆、漂珠低密度水泥浆、岩沥青低密度水泥浆体系等。

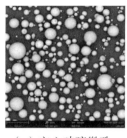 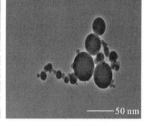 

（a）空心玻璃微珠　　　（b）纳米微硅　　　（c）沸石

图 6.8　几种轻质低热材料

　　粉煤灰低密度水泥浆通常具有较高的强度、较好的抗渗透性和抗硫酸盐离子侵蚀能力，但存在游离水多、稠化时间长等缺点[7]。在粉煤灰低密度水泥浆中，通常会加入一定量的膨润土以改善粉煤灰颗粒的悬浮性。常用的粉煤灰浆体密度一般只能降到 $1.50g/cm^3$ 左右，而实际应用的密度范围主要在 $1.60 \sim 1.80g/cm^3$。

　　1980 年，Smith 等[12]为克服墨西哥湾海上油井的低裂缝梯度，使用空心玻璃微珠低密度水泥浆成功完成了两项固井作业。鉴于这一结果，石油工业进行了许多关于空心玻璃微珠低密度水泥浆的研究工作。Mata 等[13]针对委内瑞拉的圣罗莎和圣华金油田地层裂缝梯度低、固井过程中容易发生漏失和气体运移等问题，设计了一种密度为 $1.10 \sim 1.30g/cm^3$ 的空心玻璃微珠低密度水泥浆，该水泥浆流动性良好，24h 抗压强度超过 6.9MPa，现场成功固井 18 口。Abdullah 等为了克服马来西亚近海枯竭气藏固井过程中的严重漏失现象，制备了密度为 $1.10g/cm^3$ 的空心玻璃微珠低密度水泥浆体系，在 163℃下 24h 和 48h 抗压强度分别达到了 5.2MPa 和 9.7MPa，现场应用效果良好。中石化中原石油工程有限公司固井公司[14]针对鄂北工区低压、易漏失地层的固井难题，通过研发轻质水泥，优选高强空心玻璃微珠减轻材料与超细微硅进行复配，研究出一套适用温度为 60℃～120℃，密度为 $1.15g/cm^3$ 的高强度超低密度水泥浆配方，在鄂北大牛地区块 D12－P42、D17－2、DK13－FP1 井中成功应用。

　　相比于其他低密度水泥浆体系，空心玻璃微珠低密度水泥浆性能更加稳定，具有最高的强度/密度比和最低的渗透率[15]。采用空心玻璃微珠可设计密度为 $0.90 \sim 1.20g/cm^3$ 的超低密度水泥浆[16]。然而，使用空心玻璃微珠获得超低密度水泥浆是非常昂贵的。尽管使用空心玻璃微珠配制低密度水泥浆的成本较高，但可以获得性能优异的水泥浆体系。

　　漂珠低密度水泥浆在长庆、中原、大庆、青海、胜利、四川、克拉玛依、吐哈等油田都有广泛的应用。李东山等配制了漂珠＋微硅复合低密度水泥浆，微硅的加入改善了水泥浆的稳定性，促进了水泥浆早期抗压强度的发展，凝结后水泥石的纵向密度分布均匀，具有较好的防窜性能。周仕明通过合理的颗粒级配，制备了性能优异的密度为 1.24~1.32g/cm³ 的漂珠微硅低密度水泥浆体系，在松南地区、鄂尔多斯盆地大牛地气田和胜利油田试验应用 20 多口井，均取得了良好的应用效果。然而，由于漂珠低密度水泥浆体系稳定性较差，凝固时间长，容易存在分层现象，因此难以将密度降低至 1.50g/cm³ 以下[19]。相比于空心玻璃微珠，漂珠价格低廉，但由于漂珠本身密度较高，往往需要更多的用量来制备相同密度的低密度水泥浆。同时，漂珠压力敏感性强，在超过 21MPa 的井下压力条件下容易发生破碎，并导致水泥浆密度的额外增加，因而限制了漂珠低密度水泥浆的使用井深。

1959 年，Slagle 和 Carter[20]首次对岩沥青低密度水泥浆进行了现场应用评价，发现密度为 1.50~1.62g/cm³ 的岩沥青低密度水泥浆具有良好的抗压强度、高效的泥浆驱替作用和储层分隔能力。岩沥青水泥浆具有一定的自愈合能力，能够修复微裂缝，防止油气通过水泥－套管和水泥－地层界面运移，有利于延长水泥环的封隔完整性。当岩沥青水泥浆接触到碳氢化合物时，会产生体积膨胀，从而起到堵塞微裂缝的作用。然而，岩沥青具有表面能低和憎水的特点，与水泥浆配伍性差[21]。

膨胀珍珠岩低密度水泥浆早些年在低破裂压力梯度地层有一定的应用。然而，由于水分很容易进入膨胀珍珠岩的空腔，且膨胀珍珠岩在 21MPa 压力下容易破碎，在井下密度变化较大，容易导致水泥浆密度的额外增加和流动性变差[22]。因此在目前的低密度水泥浆水泥设计中很少使用。近年来，蛭石低密度水泥浆[23]引起了一定的关注。蛭石掺量越高，水泥石强度越高，但是使用蛭石低密度水泥浆往往存在较为明显的体积收缩现象。

针对深水固井面临的难题，Schlumberger、Halliburton、BJ 等公司相继开发了适合深水固井的技术措施和配套的外加剂体系[24]。针对普通低密度水泥浆和泡沫水泥浆的不足，Schlumberger 公司基于紧密堆积原理，专门开发了密度为 0.96~1.56g/cm³ 的性能良好的 LiteCRETE 低密度水泥浆体系和具有低温早强性能的 DeepCRETE 深水固井水泥浆体系[24]。密度为 1.30g/cm³ 的 LiteCrete 低密度水泥浆成功地在墨西哥 Villahermosa 油田，完成了井深 4600m 的 ∅127mm 尾管固井作业，水泥石 8h 抗压强度达 8.3MPa，固井质量良好。而 DeepCRETE 水泥浆体系即使在 4℃ 的低温条件下也具有较高的强度发展，在中国南海、墨西哥海湾、特立尼达岛、委内瑞拉、黑海、非洲等地区都有广泛的应用。中海油田服务股份有限公司[25]针对深水低温条件下水泥石力学强度发展慢等固井难题，开发出具有低温早强性能的 PC－LoCEM 防窜水泥浆体系和 PC－LoLET 低密度水泥浆技术。利用该技术在"十二五"期间，中国海油完成 26 口深水井固井，最大水深达 1700m，固井一次成功率为 100%，产层固井质量优质率为 100%[25]。

表 6.3 总结了常见低密度水泥浆体系的性能。常规低密度水泥浆的发展往往是以牺牲抗压强度为代价的。相比于纯水泥体系，大多数低密度水泥浆体系的早期强度，尤其是低温条件下的强度发展缓慢。传统上，油井水泥浆可通过加水稀释来降低水泥浆的密度，同时掺入不含游离水的膨胀剂来保持水泥浆的稳定性。然而，由于在相同密度下，这一类低密度水泥浆的水灰比较大，加水稀释会导致水泥浆中胶凝材料减少，水泥浆的固相体积分数降低，水泥浆候凝时间变长，早期力学强度发展缓慢，从而导致钻机等待时间延长，并增加了钻井成本。此外，加水膨胀低密度水泥浆还面临着游离液含量较大、失水量较难控制、渗透率高等问题。而泡沫水泥浆随着泵入深度的加深，静液柱压力逐渐增大，泡沫易破碎，在井底条件下，水泥浆的实际密度往往有所上升。除水泥浆体系稳定性问题，上述两类水泥浆体系的渗透率较高、防窜性能较差也是需要考虑的问题。

表 6.3　常见低密度固井水泥浆体系性能对比

水泥浆体系	密度减轻方法	密度减轻剂	悬浮稳定剂	性能优缺点
粉煤灰低密度水泥浆	加入密度低于水泥浆的材料	粉煤灰	膨润土等	优点：配制简单，成本低廉。 缺点：强度发展缓慢、性能不太稳定，游离液含量较大、失水量难以控制，只能将密度降低至 1.50g/cm^3，实际应用的密度范围主要在 $1.60 \sim 1.80 \text{g/cm}^3$
空心玻璃微珠低密度水泥浆	加入密度低于水泥浆的材料	空心玻璃微珠	纳米硅等	优点：性能较稳定，早期强度发展较快，具有一定的低温早强性能，防窜性能较好，适用密度范围广。 缺点：成本高
岩沥青低密度水泥浆	加入密度低于水泥浆的材料	岩沥青	—	优点：具有一定的自愈合能力，具有一定的低温早强性能，防窜性能较好，适用密度范围广。 缺点：与水泥浆配伍性差
蛭石/膨胀珍珠岩低密度水泥浆	加入密度低于水泥浆的材料	蛭石/膨胀珍珠岩	—	优点：具有降低密度的作用。 缺点：不耐压，流动性差，易出现体积收缩现象
LiteCRETE、DeepCRETE、PC—LoCEM、PC—LoLET	加入密度低于水泥浆的材料	无定形纳米二氧化硅	微硅、纳米硅、AMPS等	优点：性能较稳定，早期强度发展较快，具有一定的低温早强性能，防窜性能较好，适用密度范围广。 缺点：成本较高，材料储运较为麻烦

二、固体减轻剂控热固井水泥浆的制备

(一)固体减轻剂的制备工艺

1. 空心玻璃微珠的制备

目前,空心玻璃微珠的制备方法主要包括玻璃粉末法、喷雾造粒法、液滴法、干凝胶法和软化学法等,如表6.4所示。相比于其他方法,尽管玻璃粉末法(图6.9)的制作成本较高,但其灵活性高,适合多种体系空心玻璃微珠的生产,且产品的质量相比于其他方法有明显提高,在高强度空心玻璃微珠生产上具有较大优势,这对于承受井底压力波动有利。

表 6.4　空心玻璃微珠的制备方法与性能

方法	原理工艺	优缺点
玻璃粉末法	将玻璃原料加热融化,依次进行水淬、烘干、粉碎后,再经过筛分、热处理、冷却,最后收集得到空心玻璃微珠	优点:灵活性高,适合多种体系空心玻璃微珠的生产,产品质量较高。 缺点:成本相对较高、产率低
喷雾造粒法	使用压力、离心或气流式雾化器将含有玻璃粉和发泡剂的悬浮液雾化,液滴中的液体在蒸发后成为坯体,将坯体送入烧结炉中烧结形成空心玻璃微珠	优点:坯体形成稳定方便、生产效率高、产品空心率高、成本低。 缺点:微珠物理和机械性能较低、化学稳定性差
液滴法	利用气体对储液槽中的玻璃原液进行加压使之形成射流,射流下降过程中出现均匀的小液柱,小液柱在表面张力作用下形成液滴状	优点:对微珠粒径和壁厚的控制较好、产率和成品率高、性能较好。 缺点:原料水溶性好,限制球壳的化学稳定性和性能的提高
干凝胶法	将金属醇盐原料加入稀盐酸和水分解,凝胶化后进行干燥、粉碎、分级,接着在炉中发泡,最后制成空心玻璃微珠成品	优点:组分选择范围宽,可同时引进多种元素改进微珠性能。 缺点:原料价格昂贵,成本过高、产量低、中间过程不易控制
软化学法	将助剂加入原料磨制成浆液,经喷雾干燥制备包含分散均匀的玻璃组分和发泡剂的前驱体,进而通过喷烧使得前驱体中的发泡剂气化,从而形成空心玻璃微珠	优点:反应界面大、物质传递快、生产效率高。 缺点:工艺较其他方法稍复杂

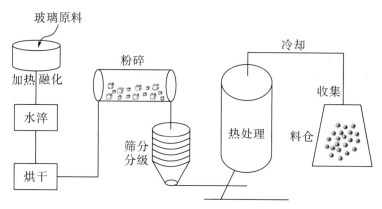

图 6.9 **玻璃粉末法制备空心玻璃微珠工艺示意图**[26]

2. 纳米微硅的制备

纳米微硅指的是直径小于 5nm 的晶体硅颗粒。它具有纯度高、粒径小、分布均匀、比表面积大、表面活性高、松装密度低等特点。目前，纳米硅粉的制备方法主要有机械球磨法、化学气相沉积法、溶胶凝胶法三种。表 6.5 统计了纳米微硅的制作方法及其优缺点。西方国家工业生产纳米硅粉起步较早，有专门的硅粉制品公司，如日本帝人、美国杜邦、德国 Stark、加拿大泰克纳等均能够应用等离子蒸发冷凝法生产多种不同粒度的高纯纳米硅粉，生产技术方面处于世界领先地位。国内对纳米硅粉的研制起步较晚，制造水平相对落后，少部分高校和科研院所可以通过化学气相沉积法和等离子蒸发冷凝法制备纳米硅粉，但仅仅处于实验水平，目前尚无法达到批量化生产。

表 6.5 **纳米微硅制备方法及优缺点**

纳米微硅制备方法	优缺点
机械球磨法	优点：生产成本较低，适用于小规模生产
	缺点：需加入助磨剂，易引入杂质，产品纯度较低，且颗粒为不规则形状，粒径分布不能有效控制，生产效率偏低
等离子增强化学气相沉积法	优点：制备的纳米微硅纯度高，粒度可控
	缺点：需要通过热处理减少粉末中的非晶态含量
激光诱导化学气相沉积法	优点：纯度高，粒度分布均匀，形状规则，易于分散，晶型可控
流化床法	优点：利用流化床容器使硅烷发生热解反应，制备过程能耗低

纳米微硅制备方法	优缺点	
化学气相沉积法	优点：可用于制备超细、球形、高附加值粉体	
	缺点：硅烷及副产品氢气皆是易燃易爆气体，具有一定危险性	
等离子蒸发冷凝法	优点：制备的纳米微硅纯度高，粒度可控，生产效率高	
	缺点：受制备工艺影响较大	
溶胶凝胶法	优点：原料易得，工艺流程短，产品收率高，纳米微硅纯度高，粒径均匀	

随着国内科技的发展与研究的深入，新的制备工艺将会不断被开发出来。但是，目前纳米二氧化硅的制备技术仍难以满足各行业应用的需要，面临许多有待解决的问题，例如，有效地解决颗粒硬团聚问题，使其在制备与贮运过程中均匀分散；更有效地控制粉体的形貌，降低成本，实现粉体粒径的可控性生产；等等。

（二）固体减轻剂水泥浆的制备

固体减轻剂可用于控制热固井水泥浆的密度，同时还能减少水泥浆在硬化过程中释放的热量，从而避免造成井眼石灰岩或其他地层石灰岩的脆化、开裂或溶解等不良影响。确定控热固井水泥浆配方需要考虑多个因素，包括固井工程的具体要求、水泥的品种和性能、固体减轻剂的类型和用量、气泡剂或泡沫剂的用量等。基本制备步骤如下：根据固井工程的具体要求确定水泥浆的性能指标，如密度、流动性、硬化时间、强度等。根据水泥的品种和性能，选择适合的控热固井水泥浆配方。选择适合的固体减轻剂类型和用量。根据所需控热效果和水泥浆性能要求，选择合适的固体减轻剂类型和用量。例如，采用空心微珠可以有效降低水泥浆密度，控制固化温度，但会对水泥浆强度产生一定影响。确定配方后，按照要求进行配置，将水泥和固体减轻剂加入搅拌桶中，并根据需要加入其他辅助剂，如流动性剂、减水剂、延迟剂等。使用搅拌器对水泥浆进行搅拌，直到水泥和固体减轻剂均匀分布，形成均质的浆料。

需要注意的是，在制备控热固井水泥浆时，应严格按照配方比例进行混合，保证控热剂、固体减轻剂、外加剂的含量和作用效果达到设计要求。此外，制备水泥浆时的搅拌速度、搅拌时间、混合器类型等也会对水泥浆的性能产生影响，需要根据具体情况进行优化和调整。

另外，配浆后，根据具体情况进行试验验证，验证配方是否能够满足固井工程的要求，包括控制水泥浆温度、保持水泥浆性能稳定等方面。如果需要，可以根据试验结果进行微调和优化。根据需要，对水泥浆进行调整，以达到所需的密度和流动性。通常可以通过增加或减少固体减轻剂的用量来控制水泥浆的密度。

三、固体减轻剂控热固井水泥浆性能评价

固体减轻剂作为一种重要的固井材料，其减轻效果和控热性能对于保证固井质量和提高施工效率具有重要作用。其性能指标主要分为减轻效果评价、控热效果评价与水泥浆体系基础物性评价。

（一）水泥浆体系减轻效果评价

在不同体系的固井水泥浆中，减轻剂的种类和性能、使用剂量、降低浆体密度的程度以及减轻剂的流动性等方面会影响其减轻效果。因此，对于不同的减轻控热材料，需要进行综合评价，以便选择合适的减轻剂，提高固井水泥浆的减轻效果和控热性能。

减轻剂能够降低水泥浆的密度的程度是评价其减轻效果的重要指标之一。一般以浆体密度的降低率来衡量减轻剂的减轻效果。降低率越高，说明减轻剂的减轻效果越好。但是需要注意，减轻剂的降低率不应是唯一的评价指标，还应综合考虑减轻剂的流动性和对水泥浆强度的影响等因素。

使用剂量是影响减轻剂减轻效果的重要因素。一般而言，随着减轻剂使用量的增加，水泥浆的密度将逐渐降低。但是，如果使用剂量过高，将会影响水泥浆的流变特性，降低水泥浆的强度。因此，在使用减轻剂时需要根据具体情况进行调整，以保证水泥浆的减轻效果和强度的平衡。

对于减轻剂的种类和性能的评价，可以从其化学成分、物理特性、表面电荷等方面进行考虑。例如，聚合物材料具有优异的分散性和稳定性，可以形成微观多孔结构，因而可以有效地降低水泥浆密度。纤维素类材料则可以通过纤维素的结构来增加水泥浆的流变特性和分散性，提高水泥浆的减轻效果和流动性。此外，还可以综合减轻剂的耐高温性能、耐盐性能等因素进行评价。

（二）水泥浆体系控热效果评价

固井过程中水泥浆水化放热，容易导致井周地层水合物吸热分解，形成局部高压气、水带。当水合物短时间内分解速度较快且分解量较大时，产生的高压游离气、水将会侵入水泥浆中形成侵入裂隙，甚至产生窜流通道，影响固井质量。

因此，对固井水泥浆体系的控热效果评价至关重要，主要的评价指标如下。

1. 热释放速率

评价水泥浆体系的控热效果时，热释放速率是最重要的指标。减缓水泥浆的热释放速率可以有效控制其温度升高，从而保证固井质量和安全。通过实验测量

控温材料加入水泥浆后的热释放速率，评估控温材料的控温效果。热释放速率指的是水泥反应放热的速率，通常用单位时间内放出的热量来表示。在水泥固化过程中，热释放速率通常呈现出一个"高峰－平台"形的曲线，即在最初的数小时内放热非常快，之后逐渐变缓，最终趋于稳定。

在水泥体系中，热释放速率的大小与水泥的种类、水泥用量、固井环境温度等因素有关。通常来说，热释放速率低于 $60J \cdot g^{-1} \cdot min^{-1}$ 属于速率较低，而热释放速率高于 $100J \cdot g^{-1} \cdot min^{-1}$ 属于速率较高，需要根据具体情况进行评价。

2. 控温材料使用量

控温材料使用量是影响其控温效果的重要因素之一。在固定的水泥浆体积中，适当增加控温材料的使用量可以有效地降低水泥浆的热释放速率，从而提高控温效果。

3. 相变温度和潜热

相变温度和潜热是控温水泥浆体系中相变微胶囊的重要参数，也是评价其控温效果的重要依据。相变温度指的是控温材料中固定物质的相变温度，相变温度的选择对于控制水泥浆体系的温度具有重要影响。当控温材料的相变温度与水泥浆体系的温度相等时，控温材料会吸收水泥浆体系的热量，从而实现控温效果。相反，如果控温材料的相变温度过高或过低，控温材料就不能吸收水泥浆体系的热量，从而无法实现控温的效果。选择合适的相变温度非常重要。

潜热是控温材料相变时额外释放或吸收的热量，对于控制水泥浆体系的温度也具有重要影响。如果控温材料的潜热较大，则相同的添加量可以实现更好的控温效果；反之，如果控温材料的潜热较小，则需要添加更多的控温材料才能达到相同的控温效果。因此，潜热也是评价控温材料的重要指标之一。

在控温水泥体系中，评价控温材料的性能需要综合考虑其相变温度和潜热两个因素。相变温度和潜热都适中时，控温材料可以实现较好的控温效果。

控温相变微胶囊的包覆率和分布：控温相变微胶囊的包覆率和分布直接影响其在水泥浆中的分散性和稳定性，进而影响其控温效果。

4. 热释放峰值温度

热释放峰值温度是水泥体系中热释放速率达到最高值时的温度。在水泥水化过程中，热释放峰值温度是一个非常重要的参数，它反映了水泥固化过程的速率。

热释放峰值温度与水泥的化学成分、活性、饱和度、质量等因素都有关系。在水泥体系中，热释放峰值温度的具体数值取决于具体的水泥配比和条件，不同的水泥配比和条件会产生不同的热释放峰值温度。一般来说，热释放峰值温度在 $40℃ \sim 50℃$ 之间属于正常范围，如果低于 $40℃$，则说明水泥的活性较低或者水泥中加入了控温材料等降低热释放速率的物质。需要注意的是，热释放峰值温度的具体数值只是一个参考值，还应该考虑环境温度等因素。通过水化热测试仪测量水泥浆热释放峰值温度，评估控温材料对水泥浆热释放峰值温度的影响。

5. 热释放总量

通过实验测量水泥浆热释放总量，评估控温材料对水泥浆热释放总量的影响。

（三）水泥浆体系基础物性评价

水泥浆体系基础物性评价主要包含以下指标。

1. 强度

深水低温水泥石强度发展缓慢。海水温度随深度的增加而不断降低，当水深超过 2000m 时，海底泥线温度降至 4℃甚至更低，深水低温环境下水泥水化速率低，并且低密度与低水化热的性能要求会对水泥石的抗压强度产生影响，使得候凝时间增加，短时间内无法满足下部钻进要求。此外，降低水化热与提高水泥石强度存在矛盾关系。对于深水水合物层固井，防止水合物层受热分解需要降低水泥浆水化放热量，而降低水化热会影响水泥石抗压强度，从而降低作业时效，增加作业成本。因此，需要处理好降低水化热与提高水泥石强度之间的关系。在实际生产中，需要根据具体的工程要求和条件，对固体减轻剂控热固井水泥浆进行合理设计和调整，以达到所需的强度要求。图 6.10 显示了常用空心玻璃微珠水泥浆体系的 UCA 曲线。由图 6.10 可以看出，构建的低水化热空心玻璃微珠水泥浆体系具有静胶凝过渡时间短（20min）、水泥石强度高（9.7MPa）的特点，能够达到防气窜的效果。

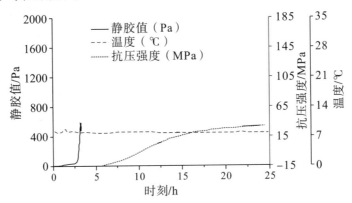

图 6.10　空心玻璃微珠水泥浆体系的 UCA 曲线

2. 密度

海洋深水地层压实程度较低，使得地层承压能力减弱，尤其在有水合物层存在的情况下，地层压实情况更差，这将使得地层孔隙压力与破裂压力之间的安全作业窗口变窄，很容易发生井漏。因此，在深水表层固井过程中，要求水泥浆能够实现低密度调节，平衡窄压力窗口的地层压力，降低漏失风险。

3. 黏度

水泥浆体系的黏度是指水泥浆体系的流动阻力大小，通常使用比目流仪或旋转黏度计来测量。水泥浆体系的黏度大小会影响其泵送、润湿和涂覆性能。

4. 稳定性

水泥浆体系的稳定性指的是其在静置或运输过程中的分层或分离程度。稳定性是水泥浆在深水环境下施工的重要指标。水泥浆体系的稳定性直接关系到其应用效果和成本，因此评价水泥浆体系的稳定性十分重要。

5. 流动性

水泥浆体系的流动性指的是其在流动过程中的形变能力，通常使用砂垫压实仪、扭矩计等设备来进行测量。水泥浆体系的流动性大小会影响其在井中涌动、润湿和涂覆的效果。

6. 凝结时间

水泥浆的初凝时间和终凝时间是评价水泥浆凝结过程的两个重要指标，可以在实验室中通过维卡仪直接测得。

初凝时间指的是水泥浆开始凝固的时间。在规定的水泥与水的配合比和一定的温度条件下，用细度为 0.8mm 的标准细度针进行试验，记录针不能自由通过水泥浆的时间即为初凝时间。终凝时间是指水泥浆完全凝结固化的时间，即水泥浆完全失去流动性，成为硬化的固体状态的时间。终凝时间是初凝时间之后一定时间的时间点。

初凝时间和终凝时间是水泥浆固化过程中的两个重要时间节点，其大小和变化对水泥浆的使用性能和力学性能有着重要的影响。例如，若水泥浆的初凝时间过短，水泥浆可能在泵送过程中失去流动性，影响固井作业的进行；若水泥浆的终凝时间过长，将会导致固井时间延长，降低固井质量，同时也会增加固井成本。因此，在实际应用中，需要根据不同的固井要求和条件，选择合适的水泥种类和配比，以控制水泥浆的初凝时间和终凝时间，达到最佳的固井效果。

7. 抗渗性能

水泥浆的抗渗性能是指水泥浆在遭受外界水压力时不会发生渗透现象，即水泥浆体系具有一定的封堵能力。控热减轻剂对水泥浆抗渗性能的影响需要进行评价，以确保固井质量。对于生产来说，水泥浆的抗渗性能是一个关键指标，可以通过调整水泥浆的配比来达到提高抗渗性能的目的。对于井下固井操作来说，若水泥浆抗渗性能差，会导致井壁渗透，进而引起井下安全事故和井壁破坏等问题。因此，水泥浆的抗渗性能评价和提高对于井下固井质量和生产安全具有重要意义。

8. 环境适应性的评价

控温、减轻剂在不同环境条件下的应用效果需要进行评价。

9. 结构稳定性

评估控温材料在水泥浆中的结构稳定性，包括控温、减轻剂是否会分解、析出、漂浮等情况。

10. 经济性的评价

需要综合考虑减轻剂和增强剂的成本以及其对水泥浆性能和施工效果的影响，进行经济性评价。

四、固体减轻剂固井水泥浆在水合物地层的热效应

（一）水合物地层的热学特性

水合物地层是指海洋沉积物中以天然气水合物为主要组成的地层，其在不同温度和压力下的物理性质和热力学特征有别于其他地层。

水合物地层具有很高的孔隙率和比表面积，孔隙中充满了水和天然气水合物。由于水合物是一种半固态的物质，其在低温高压环境下具有独特的物理特性，即在适当的温度和压力下，天然气分子会与水形成结晶体，形成水合物。因此，水合物地层的热学特性主要与水合物的热力学特征密切相关。

一般来说，水合物的分解需要吸收热量。在相变过程中，水合物的相变潜热和相变温度是热学特性的重要指标。相变潜热是指单位质量的物质在相变过程中吸收或释放的热量，它决定了水合物的热响应能力。相变温度是指水合物由固态相向液态相或气态相转变时的温度，它与环境温度和压力等因素密切相关。

水合物地层的导热系数较低，导热性能差，热传递速度缓慢。这是由于水合物的晶格结构特殊，其中水分子和天然气分子相互排列，使得热量传递受到很大限制。因此，在水合物地层中进行固井作业时，需要特别注意温度的控制，避免对水合物的分解和释放产生影响。水合物地层的热容量较大，具有一定的热惯性。这意味着在进行固井作业时，水合物地层会对温度的变化有一定的缓冲作用。同时，由于水合物的稳定性较差，当温度过高时，水合物分解释放的甲烷气体可能导致固井失效，因此需要特别注意温度的控制和调节。

（二）固体减轻剂对水泥浆水化热释放速率的影响

添加固体减轻剂可以降低水泥浆的密度和黏度，并在水泥浆固化后形成轻质水泥石。这种材料在固井工程中得到了广泛应用，可以减轻地层压力，降低井筒漏失的风险。然而，在控制水泥浆密度的同时，固体减轻剂也会影响水泥浆的热学特性，尤其是热释放速率。

固体减轻剂的添加会降低水泥浆的密度，使其在固化时热传导能力降低，从而延缓水泥浆的热释放速率。这种减缓热释放的效果在井筒温度较高的情况下更

为显著。因此，使用固体减轻剂可以有效降低水泥浆体系热释放速率，减少因水泥浆水化放热导致的水合物分解。

固体减轻剂的添加也会对水泥浆的强度和稳定性产生不利影响。固体减轻剂的添加会使固化后水泥孔隙增加，导致强度下降。此外，固体减轻剂的不均匀分布也可能导致水泥浆在固化后的稳定性变差。

为了解决这些问题，可以通过调整固体减轻剂的种类和用量来平衡热学特性与机械性能之间的关系。此外，还可以在水泥浆中添加控温材料（如相变材料），来降低水泥浆的热释放速率，并保持其良好的力学性能和稳定性。

总之，固体减轻剂的添加对于控制水泥浆热学特性具有重要作用，但是需要注意其对水泥浆力学性能和稳定性的影响，以保证固井作业的安全和成功。表6.6统计了目前固井常用的低水化热材料粉煤灰（FA）、矿渣（SLAG）、微硅、偏高岭土（MK）以及由张俊斌等人设计的PC-BT5水泥浆在12℃下养护48h的抗压强度和水化热。

表6.6　固井常用的低水化热材料的性能对比

胶凝材料	抗压强度/MPa	水化热/$(J \cdot g^{-1})$
FA	3.3	65
PC-BT5	4.9	70
SLAG	4.0	69
SF	7.1	101
MK	6.9	93
纯水泥	7.1	95

从表6.6数据可以看出，由纯水泥、SF、MK得到的水泥石抗压强度虽然高于其他3种，但是水化热较大，而低水化热材料PC-BT5（由空心玻璃微珠复配制成）水化放热与FA、SLAG一样均处于较低水平，但水泥石抗压强度明显高于这两种材料，并且能够满足现场施工需求（现场要求水泥石抗压强度大于3.5MPa）。

（三）固体减轻剂对水泥浆热释放峰值温度的影响

固井水泥浆的热释放峰值温度是一个重要的物理性能指标，对于水泥浆的强度发展和固井质量有着重要的影响。固体减轻剂能够显著降低水泥浆的密度，从而降低其热传递能力，抑制水泥浆的温度升高，从而减缓水泥浆的热释放速率，使其热释放峰值温度相应下降。水泥浆水化放热量曲线如图6.11所示。由图中可以看出，常规水泥浆体系3d水化放热量219J/g，7d水化放热量292J/g。空心玻璃微珠（PC—BT5）控热水泥浆体系 3d 水化放热量 142J/g，7d 水化放热量 195J/g，能够显著降低水泥的水化放热量，这是其应用于深水固井的一个重要优点，能够有效减少深水固井过程中出现的热效应问题，避免天然气水合物的破坏和固井质量问题。

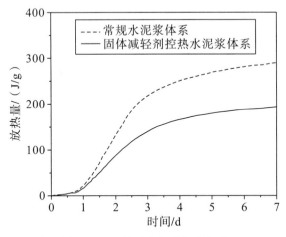

图 6.11　水泥浆水化放热量曲线

参考文献

［1］Bybee K. New API practices for isolating potential flow zones during drilling and cementing operations ［J］. Journal of Petroleum Technology，2006，58（1）：53—54.

［2］宋茂林，肖淼，耿国伟. 液体减轻低密度水泥浆体系在南海深水井的应用 ［J］. 石化技术，2019，26（6）：129，173.

［3］冯颖韬，宋茂林，张浩，等. 深水固井液体减轻低密度水泥浆体系 ［J］. 钻井液与完井液，2017，34（4）：80—84.

［4］卢海川，朱海金，李宗要，等. 水泥浆悬浮剂研究进展 ［J］. 油田化学，2014，31（2）：307—311.

［5］赵军. 高温高压固井防气窜水泥浆体系研究 ［D］. 成都：西南石油大学，2019.

［6］Anya A. Lightweight and ultra-lightweight cements for well cementing—A review ［C］// Proceedings of the SPE Western Regional Meeting. Garden Grove，California，USA，2018.

［7］刘铮. 川东地区低压漏失井固井技术研究与应用 ［D］. 青岛：中国石油大学，2007.

［8］罗发强，郭小阳，杨远光. 一种新型天然类火山灰低密度水泥浆的实验研究 ［J］. 天然气工业，2004，24（2）：51—54，7.

［9］杨远光，郭小阳，王纯全，等. 一种深井固井低密度水泥浆 ［J］. 钻井液与完井液，1998，15（4）：27—29.

［10］杨远光，吴发东，王多金，等. 低温早强型低密度水泥浆研究［J］. 天然气工业，1998，18（5）：99－100.

［11］Purvis D L，Merritt J W. Economic completion slurries utilized in partially depleted reservoirs［C］// Proceedings of the SPE Production and Operations Symposium. Oklahoma City，Oklahoma，USA，2003.

［12］Smith R C，Powers C A，Dobkins T A，et al. A new ultra-lightweight cement with super strength［J］. Journal of Petroleum Technology，1980，32（8）：1438－1444.

［13］Mata F J，Diaz C，Villa H. Ultra-lightweight and gas migration slurries：An excellent solution for gas well［C］// Proceedings of the SPE Annual Technical Conference and Exhibition. San Antonio，Texas，USA，2006.

［14］李韶利. $1.15g/cm^3$ 超低密度水泥浆的研究与应用［J］. 钻井液与完井液，2020，37（5）：644－650.

［15］Kremieniewski M. Recipe of lightweight slurry with high early strength of the resultant cement sheath［J］. Energies，2020，13（7）：1583.

［16］Kulakofsky D，Snyder S，Smith R，et al. Case study of ultra-lightweight slurry design providing the required properties for zonal isolation in Devonian and Mississippian central appalachian reservoirs［C］// Proceedings of the SPE Eastern Regional Meeting. Morgantown，West Virginia，USA，2005.

［17］李东山，冯威，刘忠华，等. 漂珠－微硅复合低密度水泥浆体系在苏丹1－2－4区块应用中的抗压强度与密度和温度之间的相关性研究［J］. 内蒙古石油化工，2010，36（20）：142－144.

［18］张国华. 微硅低密度水泥浆的应用［J］. 石油钻采工艺，1993（1）：37－40.

［19］刘德平. 漂珠低密度水泥固井技术研究［J］. 天然气工业，1997（3）：63－66，10.

［20］Slagle K，Carter L. Gilsonite－A unique additive for oil－well cements［J］. Drilling & Production Practice，1959.

［21］宋玉龙，张春梅，程小伟，等. 等离子改性岩沥青对油井水泥石的韧性化改造［J］. 硅酸盐通报，2016，35（12）：4082－4087.

［22］Abidi S，Nait－Ali B，Joliff Y，et al. Impact of perlite，vermiculite and cement on the thermal conductivity of a plaster composite material：Experimental and numerical approaches［J］. Composites Part B－Engineering，2015（68）：392－400.

［23］Araujo R G D，Freitas J C D，Melo M A D，et al. Lightweight oil well cement slurry modified with vermiculite and colloidal silicon［J］. Construction and Building Materials，2018（166）：908－915.

［24］齐奉忠，庄晓谦，唐纯静. CemCRETE 水泥浆固井技术概述［J］. 钻井液与完井液，2006（6）：68－70，87.

［25］罗宇维，赵琥，宋茂林，等. 中国海油固井技术发展现状与展望［J］. 石油科技论坛，2017，36（1）：32－36.

［26］段婷. 空心玻璃微珠的制备与性能研究［D］. 大连：大连交通大学，2020.

[27] 娄鸿飞，王建江，胡文斌，等. 空心微珠的制备及其电磁性能的研究进展 [J]. 硅酸盐通报，2010，29（5）：1103—1108.

[28] 吴湘锋. 空心微珠的制备及其高强轻质树脂基复合材料的结构与性能研究 [D]. 天津：天津大学，2011.

[29] 张敬杰. 玻璃微珠软化学制备及其应用研究 [D]. 北京：中国科学院理化技术研究所，2002.

[30] 孙镇镇. 纳米硅粉的制备方法与应用 [J]. 中国粉体工业，2019（3）：12—14.

[31] Švrček V，Rehspringer J L，Gaffet E，et al. Unaggregated silicon nanocrystals obtained by ball milling [J]. Journal of Crystal Growth，2005，275（3—4）：589—597.

[32] Andrade C A，Beltrán F J E，Sandoval S J，et al. Synthesis of nanocrystalline Si particles from a solid-state reaction during a ball—milling process [J]. Scripta Materialia，2003，49（8）：773—778.

[33] 蔡春立，王丽娟. 流化床法生产多晶硅工艺 [J]. 工业 C，2015（8）：243—244.

[34] Cadoret L，Reuge N，Pannala S，et al. Silicon Chemical Vapor Deposition on macro and submicron powders in a fluidized bed [J]. Powder Technology，2009，190（1—2）：185—191.

[35] 王立惠，张振军，刘文平，等. 感应等离子法制备纳米硅粉工艺初探 [J]. 超硬材料工程，2018，30（2）：41—45.